T0219635

Springer-Lehrbuch

Claus Brell · Juliana Brell · Siegfried Kirsch

Statistik von Null auf Hundert

Mit Kochrezepten schnell
zum Statistik-Grundwissen

2. überarbeitete Auflage

 Springer Spektrum

Claus Brell
Fachbereich Wirtschaftswissenschaften
Hochschule Niederrhein
Mönchengladbach, Deutschland

Siegfried Kirsch
Fachbereich Wirtschaftswissenschaften
Hochschule Niederrhein
Mönchengladbach, Deutschland

Juliana Brell
RWTH Aachen
Aachen, Deutschland

ISSN 0937-7433
Springer-Lehrbuch
ISBN 978-3-662-53631-5
DOI 10.1007/978-3-662-53632-2

ISBN 978-3-662-53632-2 (eBook)

Die Deutsche Nationalbibliothek verzeichnet diese Publikation in der Deutschen Nationalbibliografie; detaillierte bibliografische Daten sind im Internet über http://dnb.d-nb.de abrufbar.

Springer Spektrum

Planung: Iris Ruhmann

Gedruckt auf säurefreiem und chlorfrei gebleichtem Papier

Springer Spektrum ist Teil von Springer Nature
Die eingetragene Gesellschaft ist Springer-Verlag GmbH Germany
Die Anschrift der Gesellschaft ist: Heidelberger Platz 3, 14197 Berlin, Germany

Vorwort zur zweiten korrigierten und erweiterten Auflage

Statistik ist nach wie vor praktisch. Dieses Buch zum schnellen Statistiklernen von Null auf Hundert hat sich in den letzten Jahren bewährt – nicht nur in der Hochschule, sondern auch in Berufsschulen, Volkshochschulen und anderen Bildungseinrichtungen.

Viele Leser haben durch ihre konstruktive Kritik mitgeholfen, das Buch auf dem Weg zur (Tipp-)Fehlerfreiheit und zur hohen Verständlichkeit zu begleiten. Herzlichen Dank dafür, damit sind wir in der vorliegenden zweiten Auflage wesentlich weiter gekommen.

Betriebswirtschaftliche Untersuchungen führen oft zu Fragestellungen der Form „In meiner Stichprobe sind 70 Prozent dafür, wie viele werden in der Grundgesamtheit dafür sein?". Um solche Fragen zu klären, haben wir das Buch um ein Fallbeispiel und die zur Berechnung notwendige χ^2-Tabelle angereichert.

Wir hoffen, dass Ihr Spaß am Statistiklernen und -wissen mit der vorliegenden Neuauflage zunimmt.

Willich, Aachen und Mönchengladbach, im September 2016

Prof. Dr. Claus Brell
Juliana Brell, M. Sc.
Prof. Dr. Siegfried Kirsch

Vorwort zur ersten Auflage

Statistik ist praktisch. Als Handwerkszeug, um unsinnige Zeitungsartikel und Politiker-behauptungen auseinanderzunehmen.[1] Statistik ist schaffbar, wenn sie als Klausur daher-kommt.[2]

Auslöser dafür, dieses Buch zu schreiben, waren dreierlei: Erstens das eigene Interesse an Statistik und die oft verblüffenden Erkenntnisse, die man mit Hilfe der Statistik gewinnt. Zweitens die (unnötig) hohen Durchfallquoten in Statistikklausuren. Drittens der hohe Anwendungsbezug der Statistik – nur wenige Jobs kommen ohne aus. Zumindest der zweite Aspekt der Durchfallquoten kann zukünftig gemildert werden, da sich das Buch insbesondere an die wendet, die weder Zeit noch Lust auf ausführliche Herleitungen und lange, elaborierte Texte haben. Wer ausführliche Herleitungen benötigt, wird andere Bücher lesen und ist wahrscheinlich Mathematikstudent. Wer schnell „ins Rennen kommen will", ist wahrscheinlich Kaufmann oder Kauffrau, angehender Betriebswirt, Soziologe oder Mediziner oder … und wird hier gut bedient. Was in den beiden vorangegangenen Satzteilen „wahrscheinlich" heißt, wird im Weiteren übrigens auch geklärt.

Kern dieses Buchs sind die Kochrezepte, Vorgehensweisen und einfache Beispiele. Damit sollten Sie schnell „von Null auf Hundert" kommen und zumindest Ihre Aufgabenstellungen bewältigen können. Lassen Sie uns an dieser Stelle ein Versprechen abgeben: Es ist meist nicht erforderlich, dass Sie alles in der Tiefe verstehen. Wenn Sie die Kochrezepte lernen und die Beispiele mit eigenen Daten nachrechnen können[3], kommt das Verständnis irgendwann von ganz allein.

Wir wünschen Ihnen viel Erfolg und auch ein klein wenig Spaß.

Willich, Aachen und Mönchengladbach, im Februar 2014

Prof. Dr. Claus Brell
Juliana Brell, B. Sc.
Prof. Dr. Siegfried Kirsch

---

[1] Mit ein wenig Übung kann das richtig Spaß machen…

[2] Das macht keinen Spaß, gibt aber nach dem Erfolg, der mit Hilfe dieses Buchs erreicht wird, ein gutes Gefühl.

[3] Das hat etwas mit Üben zu tun. Ganz mühelos ist es nicht. Statistik ist wie Tennisspielen. Denn auch das lernt man durch das Spielen und nicht durch das Lesen von Tennisbüchern.

Inhaltsverzeichnis

Abbildungsverzeichnis

Einleitung

1.1 Warum und wie Statistik

Statistik – relevant für jeden

Schlagen Sie den Wirtschaftsteil der Tageszeitung auf und Sie werden bald auf ein Balkendiagramm, eine Linien- oder Tortengrafik stoßen. Was intuitiv verständlich scheint verschwindet im Nebel, wenn Sie anfangen Fragen zu stellen. Zum Beispiel wie viele Menschen, Euro oder Tonnen denn hinter den Prozentzahlen stehen. Oder wie der Autor zu der Abschätzung der Arbeitslosenzahlen in ferner Zukunft kommt. Was hier noch vergnüglicher Zeitvertreib scheint, wird bei der Bewertung von Bilanzen oder der Erstellung selbiger insbesondere für den Kaufmann bzw. den Betriebswirt wichtig.

Statistik beantwortet u. a. die folgenden Fragen:

- Wie verändert sich der Durchschnitt der Aktienkurse?
- Wie verändern sich die Lebenshaltungskosten (in Prozentpunkten)?
- Welche Hochrechnung/Prognosen von Wahlergebnissen sind möglich?
- Wie viel Gewinn kann eine Lottogesellschaft auswerfen, damit ihr noch Überschuss bleibt?
- Wie groß ist die Wahrscheinlichkeit, dass ein 20-jähriger Mann im nächsten Jahr stirbt (Versicherungswesen)?
- Wie können Lagerbestände kalkuliert werden (Warenwirtschaft)?

Statistik – was ist das?

Statistik ist die Gesamtheit der Methoden, die für die Untersuchung von Massendaten angewendet werden können. Ziel der Statistik ist es, Massendaten zu reduzieren und zu komprimieren, um Gesetzmäßigkeiten und Strukturen in den Daten sichtbar zu machen.

Statistik als Lernfach rangiert in der Beliebtheitsskala vieler Menschen allerdings noch hinter ausgefallenen Urlaubsflügen. Dabei ist es durchaus möglich sich Statistik selbst zu erschließen, ohne gleich alles in der Tiefe verstehen zu müssen. Und dann macht es Spaß hinter die Kulissen von Statistiken zu schauen.

© Springer-Verlag GmbH Deutschland 2017
C. Brell, J. Brell, S. Kirsch, *Statistik von Null auf Hundert*, Springer-Lehrbuch,
DOI 10.1007/978-3-662-53632-2_1

1.2 Buchaufbau

Dieses Buch will Ihnen einen schnellen Zugang zur Statistik zu vermitteln. Die mathematische Tiefe und die Vollständigkeit tritt dabei in den Hintergrund. Statistiken zu verstehen und selbst rechnen zu können steht hier an erster Stelle. Erreicht wird dies mit Kochrezepten und einfachen Beispielen. Komplexere Beispiele, Aufgaben und Lösungen finden Sie auf den Internetseiten zum Buch.

Das Buch orientiert sich, wie in Abb. 1.1 gezeigt, an der klassischen Dreiteilung: deskriptive (d. h. beschreibende) Statistik, Wahrscheinlichkeitstheorie und induktive, schließende Statistik. Die deskriptive Statistik nimmt dabei den größten Raum ein, da sie die Basis für die darauf folgenden Teile darstellt.

Jeder Sachverhalt wird – insofern möglich und im Kontext sinnvoll – nach einer kurzen Motivation zunächst als „Kochrezept zum sofort Losrechnen" eingeführt. Es folgt ein einfaches Beispiel und ggf. weitere Erläuterungen, warum es so funktioniert. Zum Nachschlagen finden Sie in den Kap. 17 und 18 eine Formelsammlung und die wichtigsten Tabellen, die Sie zum selbst rechnen benötigen.

Diesen Buch kann Ihnen nicht nur als Helfer beim Statistiklernen, sondern auch als Begleiter z. B. im Beruf dienen. Das wird es umso mehr, je intensiver Sie damit arbeiten, Zettelchen hineinkleben, eigene Anmerkungen hinzuschreiben und Seiten zur Markierung umknicken.[1]

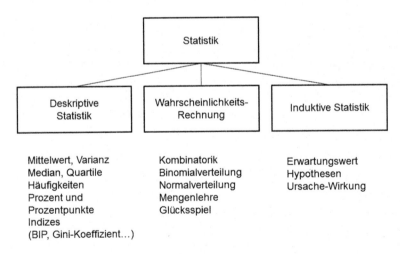

Abb. 1.1 Deskriptive Statistik, Wahrscheinlichkeitstheorie, Induktive Statistik

---

[1] Das sollten Sie natürlich nur mit Ihrem eigenen Exemplar tun, nicht mit Büchern aus der Bibliothek.

1.3 Das werden Sie nach der Lektüre können

Wenn Sie das Buch durcharbeiten, haben Sie danach für die meisten Lebenssituationen ausreichend statistisches Rüstzeug. Sie können:

- Statistiken in Zeitschriften nachvollziehen,
- eigene Datenmengen statistisch auswerten und Kennzahlen ermitteln,
- Zusammenhänge zwischen verschiedenen Variablen aufdecken,
- die minimal notwendige Anzahl von Probanden bei einer Marktforschung ermitteln,
- die meisten Aufgaben in Ihrer Statistikklausur rechnen.

Auch sind Sie mit Ihren neuen Kenntnissen gegen Manipulationen (durch missbräuchliche Statistik) geschützt. Weiterhin haben Sie Basiswissen, um sich erfolgreich in Spezialthemen der Statistik einarbeiten zu können, z. B. die Multivariate Analyse.

Manchmal ist Rechnen einfacher als Nachdenken. Für diese Fälle sind im Buch die jeweiligen Funktionen in der Kalkulationssoftware EXCEL[2] angegeben. Einige praktische EXCEL-Kalkulationsblätter finden Sie auf den Internetseiten zum Buch.

---

[2] EXCEL ist in Deutschland das am häufigsten eingesetzte Office-Kalkulationsprogramm. Mit wenig Aufwand können Sie die Angaben in andere Softwareumgebungen (LibreOffice unter Linux, Numbers unter MacOS, Gnumeric unter Windows und Linux...) übertragen.

Statistik Grundbegriffe

2.1 Überblick

Im Kap. 2 werden Sie die Bedeutung von statistischen Grundbegriffen wie Stichprobe oder Merkmal kennenlernen und verschiedene Skalenniveaus voneinander abgrenzen. Zunächst wird Ihnen die Betrachtung der Skalenniveaus abstrakt vorkommen, im weiteren Verlauf werden Sie sehen, dass die frühe Prüfung des Skalenniveaus bedeutsam dafür ist, welche statistischen Methoden Sie einsetzen dürfen und welche nicht.

2.2 Merkmale, Merkmalsträger, Merkmalsausprägung, Grundgesamtheit, Stichprobe

Statistik dient dazu, Ausschnitte der Welt[1] zu erfassen und auf Kennzahlen zu verdichten. Der damit verbundene Informationsverlust wird dadurch versüßt, dass entweder verschiedene Aspekte hinsichtlich dieser Kennzahlen[2] oder gleiche Aspekte zu verschiedenen Zeitpunkten[3] verglichen werden können. Insbesondere wenn Menschen Fakten und Zusammenhänge beurteilen sollen[4], ist eine Verdichtung zu Kennzahlen mit Hilfe der Statistik unerlässlich.

---

[1] Das sind insbesondere Ausschnitte der Wirklichkeit, die sich durch Zahlen beschreiben lassen, also z. B. die Anzahl von Waren in einem Lager.
[2] Z. B. der Vergleich verschiedener Warensorten im Lager.
[3] Z. B. Anzahl der Warenart Klopapier zum Zeitpunkt 1. Januar und zum Zeitpunkt 1. Februar.
[4] Wenn Sie Betriebswirt sind, kann Ihnen das bei der Unternehmensbewertung oder beim Lesen einer Bilanz passieren, wenn Sie Soziologe sind bei z. B. der Betrachtung von Arbeitslosenzahlen.

© Springer-Verlag GmbH Deutschland 2017
C. Brell, J. Brell, S. Kirsch, *Statistik von Null auf Hundert*, Springer-Lehrbuch,
DOI 10.1007/978-3-662-53632-2_2

Merkmalsträger

Merkmalsträger sind die Objekte[5], die hinsichtlich verschiedener Eigenschaften Gemein-samkeiten aufweisen und daher zusammen betrachtet werden. Diese Eigenschaften dienen dazu, die Objekte vom Rest der Wirklichkeit, der nicht betrachtet werden soll, abzugren-zen.

Abgrenzung von Merkmalsträgern – sachlich, zeitlich, räumlich

Sachliche Abgrenzung: Beschreibung der Eigenschaften, die die betrachteten Merkmals-träger gemeinsam haben. Damit wird der Beobachtungsgegen-stand spezifiziert und von Objekten, die nicht betrachtet werden sollen, abgegrenzt.

Zeitliche Abgrenzung: Der Zeitraum, der für die Beobachtung gilt, wird angegeben.

Räumliche Abgrenzung: Oft betrachtet man nur die Merkmalsträger, die innerhalb eines Areals[6] zu finden sind.

Beispiel für die Abgrenzung von Merkmalsträgern

Es sollen alle männlichen Studierenden des Fachbereichs Sozialwesen an der Hoch-schule Niederrhein im Sommersemester 2013 betrachtet werden:

- Sachliche Abgrenzung: alle männlichen Studierenden des Fachbereichs Sozialwe-sen an der Hochschule[7]
- Zeitliche Abgrenzung: Sommersemester 2013
- Räumliche Abgrenzung: Hochschule in Neustadt

Oft werden die Merkmalsträger durchnummeriert und bekommen den Buchstaben i als Index.

Merkmal, Variable[8]

Merkmale bzw. Variablen sind Eigenschaften, die im Blickpunkt einer statistischen Unter-suchung stehen und die den Merkmalsträgern zugeordnet werden können. Beispiele wären Haarfarbe oder die BAföG-Höhe. Merkmale werden mit Großbuchstaben gekennzeichnet, z. B. X.

---

[5] Der Begriff Objekt steht hier nicht nur für Dinge. Häufig sind die betrachteten Objekte auch Men-schen.

[6] Areal kann ein Land, eine Stadt, aber auch eine Hochschule sein.

[7] Damit werden dann die Studentinnen nicht betrachtet. Ebenso wenig ist es von Belang, ob ein Student arm oder reich bzw. groß oder klein ist.

[8] In der deskriptiven Statistik, also wenn alle Daten bekannt sind, sprechen die meisten Autoren von Merkmalen. Wenn man über diese Merkmale noch etwas herausbekommen will, z. B. in der induktiven Statistik, wird eher von Variablen gesprochen.

Beispiel Merkmal und Merkmalsausprägung

Der Student Hansi Huster ist ein Merkmalsträger und wird z. B. mit der Nummer $i = 3$ gekennzeichnet. Die Höhe des BAföG-Anspruchs ist das Merkmal, das mit X bezeichnet wird. Dann schreibt man die Merkmalsausprägung für Hansi Huster als x_3[9]. Allgemein ist das BAföG des i-ten Studenten x_i.

Merkmalsausprägung

Die Merkmalsausprägung ist der jeweils konkrete Wert x_i eines Merkmals X für einen bestimmten Merkmalsträger i.

Es werden häufig und in diesem Buch folgende Formelzeichen verwendet:

Merkmalsträger: i
Merkmal: X
Merkmalsausprägung: x_i

Urliste

Die Urliste ist die Sammlung aller Merkmalsausprägungen x_i. Die Urliste gibt die Merkmalsausprägungen aller Merkmalsträger wieder, es können also auch mehrere gleiche Merkmalsausprägungen vorkommen. Wenn Sie die Merkmalsträger mit jeweils gleichen Merkmalsausprägungen zusammenfassen, erhalten Sie die weiter hinten beschriebenen Häufigkeitsverteilungen.

Grundgesamtheit

Von Grundgesamtheiten spricht man, wenn alle Merkmalsträger betrachtet werden, die aufgrund der sachlichen, zeitlichen und räumlichen Abgrenzung in Frage kommen.[10]

Stichprobe

Oft ist es kostspielig, alle Merkmalsträger zu untersuchen. Dann begnügt man sich mit einem Teil[11] der Merkmalsträger. Wenn nur ein Teil der Merkmalsträger untersucht wird, spricht man nicht mehr von der Grundgesamtheit, sondern von einer Stichprobe.

Viele Berechnungen in der Statistik unterscheiden sich je nachdem, ob eine Grundgesamtheit oder eine Stichprobe betrachtet wird.[12]

Vergleich mit Tabellenkalkulation

Zum Verständnis soll noch ein Vergleich zum Tabellenkalkulationsprogramm EXCEL gezogen werden. Wenn Sie eine Tabelle anlegen, entspricht das der Grundgesamtheit.[13] Eine

---

[9] Z. B. $x_3 = 300 €$, wenn Hansi Huster 300 € BAföG erhält.

[10] Z. B. wenn Sie die Eigenschaften aller Einwohner von Neustadt untersuchen. Es darf dann keiner ausgelassen werden.

[11] Die intelligente Auswahl einer Stichprobe ist nicht trivial. Dies soll hier allerdings nicht Gegenstand sein. Wenn Sie mehr erfahren wollen, suchen Sie im Internet z. B. nach dem Stichwort Randomisierung.

[12] Schauen Sie sich in der Formelsammlung weiter hinten z. B. die Varianz an.

[13] Ein horizontaler Teil der Tabelle mit einigen Zeilen aber allen Spalten wäre in diesem Bild die Stichprobe.

Spalte mit Spaltenüberschrift entspricht dem Merkmal X, eine Zeile entspricht dem Merkmalsträger oder Fall i. Der Inhalt einer Zelle ist die Merkmalsausprägung x_i.

2.3 Diskrete und stetige Merkmale

Diskret
Ein Merkmal heißt diskret, wenn es eine abzählbare Menge von Merkmalsausprägungen gibt und die Merkmalsausprägungen einen deutlichen Abstand voneinander haben. Ein Kennzeichen diskreter Merkmale ist, dass mehrere Merkmalsträger die gleiche Merkmalsausprägung haben können. Diskrete Merkmale können aus stetigen Merkmalen durch Runden der Werte oder durch Klassenbildung entstehen.

Stetig
Ein Merkmal heißt stetig, wenn es zwischen zwei Merkmalsausprägungen theoretisch beliebig viele Möglichkeiten für weitere Merkmalsausprägungen gibt. Die zwei Merkmalsausprägungen können dabei beliebig dicht beieinander liegen. In den meisten Fällen gibt es keine zwei Merkmalsträger, die genau die gleiche Merkmalsausprägung haben. Die Abgrenzung zu diskreten Merkmalen ist manchmal schwierig, da aus einem stetigen Merkmal (z. B. Temperatur) durch das Messverfahren (z. B. Digitalthermometer ohne Nachkommastellen) ein diskretes Merkmal wird.

Beispiel diskrete und stetige Merkmale
Die meisten Werte, die man in der Natur messen kann, sind stetig. Viele von Menschen geschaffene Merkmalsträger haben diskrete Merkmalsausprägungen, die man zählen kann. Die folgende Tabelle stellt einige Merkmale gegenüber.

Diskretes Merkmal	Stetiges Merkmal
Temperatur, wenn mit Digitalthermometer gemessen	Temperatur, wenn mit Quecksilberthermometer gemessen
Anzahl Brötchen in einer Brötchentüte	Gewicht eines Brötchens
Konfektionsgröße	Körpergröße

2.4 Skalen und Skalenniveaus

Qualitativ nominalskaliert
Ein Merkmal, das nicht in Form messbarer Zahlenwerte vorliegt und eher eine qualitative Eigenschaft der Merkmalsträger beschreibt, heißt nominalskaliert. Eine sinnvolle Operation auf nominalskalierte Merkmale ist das Ermitteln von Häufigkeiten. Hier das arithmetische Mittel[14] anzugeben wäre unsinnig. Typische Beispiele für nominalskalierte

---

[14] Was das arithmetische Mittel ist, wird in einem späteren Abschnitt erklärt (s. Abschn. 4.5). Viele werden es aus der Schule kennen.

Merkmale wären der Vorname oder die Haarfarbe von Personen. Man kann die Anzahl der Personen angeben, die z. B. blond sind oder Hans heißen, aber blond und Hans entspricht erst einmal nicht einem messbaren Zahlenwert.

Man erkennt ein quantitativ nominalskaliertes Merkmal daran, dass man es nicht nach Größe sortieren kann.

Quantitativ rangskaliert/ordinalskaliert
Ein Merkmal, das nach der Größe seiner Merkmalsausprägungen sortiert werden kann, heißt rangskaliert oder ordinalskaliert. Typische Beispiele hierfür wären die Platzierung bei einem Marathon oder Pferderennen, da man die Reihenfolge der Personen oder Pferde angeben kann.[15] Schulnoten sind auch rangskaliert. Häufig wird zwar das arithmetische Mittel von Schulnoten berechnet. Streng genommen ist das unsinnig, da damit unterstellt wird, dass eine Zwei doppelt so gut wäre wie eine Vier und eine Eins dreimal so gut wie eine Drei. Eine Art Mittelwert für rangskalierte Merkmale wie Schulnoten ist der Median.[16]

Quantitativ metrisch
Ein Merkmal, dessen Merkmalsausprägung man messen kann und für das Grundrechenarten sinnvoll sind, heißt metrisch skaliert. Typische Beispiele für metrische Merkmale sind Länge, Gewicht, Laufleistung, Geschwindigkeit, Temperatur.[17] Dabei ist noch die Intervallskalierung und die Verhältnisskalierung zu unterscheiden.

Verhältnisskaliert
Ein metrisches Merkmal heißt verhältnisskaliert, wenn

- Verhältnisse der Merkmalsausprägungen gebildet werden können: Merkmalsausprägung x_{13} ist doppelt so groß wie x_{24}.
- Abstände zwischen Merkmalsausprägungen gebildet werden können:
  $x_{i+1} - x_{i+1}$.
- es einen natürlichen Nullpunkt[18] gibt.

---

[15] Z. B. Altersklassenplätze: Hans ist erster in der Altersklasse Männer 30 Jahre, Karl ist zweiter usw.

[16] Was der Median ist, wird in einem späteren Abschnitt erklärt (s. Abschn. 4.3). Hier nur kurz: Wenn Sie die Merkmale auf einer Perlenschnur sortieren und dann in der Mitte durchschneiden, ist der Wert an der Schnittstelle der Median.

[17] Es kann beispielsweise gesagt werden, dass ein Bauteil doppelt so lang ist wie ein anderes, oder dass es drei Zentimeter kürzer ist.

[18] Der natürliche Nullpunkt als Unterscheidungskriterium fällt Statistikanfängern schwer und Naturwissenschaftlern leicht: Die Temperaturskala in °C ist nicht verhältnisskaliert, 10 °C ist nicht doppelt so warm wie 5 °C. Der Nullpunkt ist willkürlich gewählt – Schmelzpunkt von Eis zu Wasser.

Intervallskaliert

Ein metrisches Merkmal heißt intervallskaliert, wenn Differenzen der Merkmalsausprägungen gebildet werden können: Merkmalsausprägung x_{13} ist um 534 größer als x_{24}.

Ein Merkmal, das verhältnisskaliert ist, ist auch gleichzeitig intervallskaliert. Die meisten metrischen Merkmale, die Ihnen begegnen werden, sind verhältnisskaliert.

Beispiel für Skalenniveaus

Typische Beispiele für metrische Merkmale sind Lebensdauer von Bauteilen, Geschwindigkeit von Zügen, Höhe von Bäumen oder Füllgewicht von Dosensuppen. Weitere Beispiele im Vergleich zeigt Abb. 2.1.

Merkmalstyp	Skala	Variable oder Merkmal	Merkmalsausprägung oder Wert
qualitativ	Nominal	Parteizugehörigkeit	CDU, SPD, Grüne,...
qualitativ	Nominal	Wahrheitswert einer Aussage	Wahr, falsch
qualitativ	Nominal	Spielausgang beim Toto	0,1,2
Rang	Ordinal	Schulnoten	1,2,3,4,5,6
Rang	Ordinal	Hausnummer	...,12,14,16,...
Rang	Ordinal	Dienstgrade bei der Bundeswehr	Gefreiter, ..., General
quantitativ	Metrisch, Intervallskala, stetig bzw. quasi-diskret	Uhrzeit	2:00, 4:00
quantitativ	Metrisch, Intervallskala, stetig bzw. quasi-diskret	Temperatur in Grad Celsius	...,12,13,14,...
quantitativ	Metrisch, Verhältnisskala, stetig	Entfernung zwischen Wohn- und Arbeitsstätte	1 km, 1,5 km, ...
quantitativ	Metrisch, Verhältnisskala, stetig	Alkoholgehalt im Blut	0, 0,1, ...0,8,...

Abb. 2.1 Gegenüberstellung von Skalentypen

2.5 Skalenniveaureduktion

Es ist immer möglich, das Niveau einer Skala zu reduzieren. Damit ist zwar immer ein Verlust von Informationen verbunden, oft gewinnt man allerdings einen besseren Überblick. So ist ein metrisches Merkmal zugleich rangskaliert. Aus sowohl einem metrischen als auch einem rangskalierten Merkmal lässt sich durch Gruppenbildung ein nominal skaliertes Merkmal konstruieren.

Beispiel Skalenniveaureduktion

Die Geschwindigkeit von Brieftauben, gemessen über die Ankunftszeit, ist zunächst metrisch skaliert. Bei einem Wettbewerb können Sie für jede Taube i die Zeit x_i notieren.

Hält man hingegen nur fest, welche Taube als erste, als zweite usw. eintrifft, erhält man ein rangskaliertes Merkmal. Es ist nun nicht mehr festzustellen, wie schnell eine Taube ist. Lediglich können Sie angeben, ob eine Taube schneller als andere war.

Halten Sie jedoch nur noch fest, an welchem Wochentag eine Taube eingeflogen ist, haben Sie ein prinzipiell nominalskaliertes Merkmal; Mittwoch ist nicht größer als Donnerstag.

Häufigkeiten

3

3.1 Überblick

Häufigkeiten zu bilden gehört zu den Routinetätigkeiten in der Statistik. Doch sobald Sie mehr als eine Handvoll Daten vorliegen haben, verlieren Sie wahrscheinlich den Überblick. Mit dem Auszählen der Daten und der Berechnung von Häufigkeiten reduzieren Sie zwar Informationen über einzelne Merkmalsausprägungen, aber Sie gewinnen Informationen über grundlegende Eigenschaften des Merkmals. Für viele Aspekte in Beruf und Ausbildung ist genau dies unerlässlich. Das Bilden von Häufigkeiten ist der erste Schritt einer tiefer gehenden Berechnung oder Bewertung einer großen Datenmenge wie z. B.:

- Auszählen des Bekanntheitsgrades von Produkten in der Marktforschung
- Bewertung des Warenportfolios durch ABC-Analyse im Rahmen einer Unternehmensberatung
- Erstellung des Notenspiegels für eine Klausur
- Bewertung einer Verkehrszählung

Erst mit Hilfe der Häufigkeiten und ggf. weiterer Berechnungen haben Sie die Basis, um z. B. unternehmerische Entscheidungen treffen zu können. Spätestens wenn Sie eine Bilanz lesen oder gar erstellen müssen, werden Sie um Häufigkeiten nicht herumkommen.

Es werden verschiedene Häufigkeiten unterschieden: absolute, relative, klassierte, mehrdimensionale. Die Häufigkeiten werden in der Regel als Säulen-, Balken- oder Tortendiagramme dargestellt. Insbesondere aus Säulendiagrammen erfahren Sie, wie ein Merkmal verteilt ist und welche grundsätzlichen Eigenschaften es hat.

3.2 Darstellung von Häufigkeiten

Häufigkeiten finden Sie in Tabellenform vor, häufiger aber in Form von Balken- oder Säulendiagrammen, selten in Tortendiagrammen.

© Springer-Verlag GmbH Deutschland 2017
C. Brell, J. Brell, S. Kirsch, *Statistik von Null auf Hundert*, Springer-Lehrbuch,
DOI 10.1007/978-3-662-53632-2_3

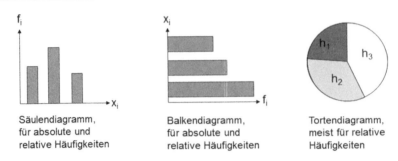

Abb. 3.1 Darstellungsmöglichkeiten für Häufigkeitsverteilungen

Säulendiagramme, die aus klassierten metrischen Daten gebildet werden, heißen auch Histogramme.[1] Einige Beispiel sind in Abb. 3.1 angegeben.

3.3 Absolute Häufigkeiten

Bei einer Datenanalyse ist es meist der erste Schritt, absolute Häufigkeiten zu bilden, um sich ein Bild von der Verteilung der Merkmalsausprägungen zu machen.

Kochrezept absolute Häufigkeiten
- Legen Sie eine neue Tabelle an mit f_j für die Häufigkeiten und x_j für die Werte.
- Sortieren Sie die Urliste mit n Werten x_i der Größe nach aufsteigend. Die kleinste Merkmalsausprägung sollte nun x_1 sein, die größte x_n.
- Suchen Sie den kleinsten Wert x_1 in Ihrer Urliste aller x_i. Das ist Ihr erstes neues Merkmal x_j.
- Zählen Sie, wie oft dieser Wert in der Urliste vorkommt. Das ist Ihre Häufigkeit f_j für $j = 1$.
- Tragen Sie in Ihre neue Tabelle x_j und f_j für $j = 1$ ein.
- Wiederholen Sie den Prozess mit dem zweitkleinsten Wert der x_i für $j = 2$, dann für den drittkleinsten … bis zum größten Wert x_i.

Insgesamt werden Sie so m Werte x_j erhalten, denen nun jeweils die Häufigkeit des Auftretens f_j zugeordnet ist. m ist die Anzahl der unterschiedlichen Merkmalsausprägungen in der Urliste. Ihre so entstandene Tabelle heißt Häufigkeitsverteilung f_j von X.

---

[1] Einige Autoren grenzen Histogramme weiter ein, z. B. dürfen zwischen den Säulen keine Abstände sein. Diese Feinheiten unterschlagen wir hier.

Beispiel absolute Häufigkeiten

Die folgenden Daten kennzeichnen die Kinderzahl von $n = 7$ Familien einer kleinen Nebenstraße. Bei einer Befragung in der Reihenfolge der Hausnummern ergibt sich folgende Urliste mit der Hausnummer i und der Anzahl der Kinder x_i im jeweiligen Haus.[2] Die Urliste ist dann:

i	1	2	3	4	5	6	7
x_i	3	0	2	1	1	2	1

Die sortierte Urliste[3] ist:

i	1	2	3	4	5	6	7
x_i	0	1	1	1	2	2	3

Die Merkmalsausprägung $x_j = 1$ kommt in der Urliste für $i = 2, 3, 4$ insgesamt drei Mal vor. Die Häufigkeitsverteilung ist eine Tabelle mit $4 = m < n = 7$ Wertepaaren[4] x_j, f_j:

j	x_j	f_j
1	0	1
2	1	3
3	2	2
4	3	1

Die Häufigkeitsverteilung sehen Sie im Säulendiagramm in Abb. 3.2.[5] Dabei ist auf der x-Achse der jeweilige Merkmalswert x_j und auf der y-Achse die absolute Häufigkeit f_j aufgetragen.

Bei komplexeren Daten ist das Säulendiagramm die „erste Anlaufstelle" um schnell einen Überblick über die Datenlage zu erhalten.

---

[2] Im Beispiel wird unterstellt, dass in jedem Haus eine Familie wohnt.

[3] Die Kennzeichnung der Merkmalsträger mit i entspricht dann nicht mehr der Hausnummer. Es ist eine neue Nummerierung.

[4] Soweit möglich, wird in diesem Buch die Gesamtzahl der Werte in der Urliste mit n und die Anzahl der jeweiligen Werte mit m bezeichnet. m kann übrigens höchstens so groß werden wie n, und zwar dann, wenn jeder Wert der Urliste genau einmal vorkommt. Der Laufindex i wird für die Urlisten und der Laufindex j für Häufigkeiten verwendet.

[5] EXCEL-Datei mit Beispielen können Sie von den Internetseiten zum Buch herunterladen.

Abb. 3.2 Absolute Häufigkeitsverteilung

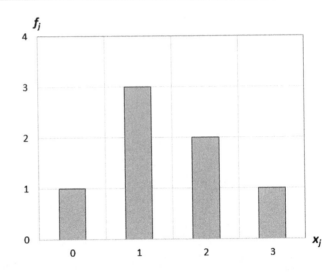

3.4 Relative Häufigkeiten

Relative Häufigkeiten sind besonders dann interessant, wenn Sie einen Sachverhalt zu verschiedenen Zeitpunkten oder unterschiedliche Sachverhalte zum gleichen Zeitpunkt miteinander vergleichen wollen.[6] Relative Häufigkeiten h_j basieren auf den absoluten Häufigkeiten f_j, Sie erhalten h_j aus den f_j, indem Sie das jeweilige f_j durch die Gesamtanzahl n der Merkmalsträger dividieren.

Kochrezept relative Häufigkeiten
- Erstellen Sie aus der Urliste mit n Merkmalsausprägungen eine Häufigkeitsverteilung f_j wie im Kochrezept absolute Häufigkeiten gezeigt.
- Erweitern Sie die Tabelle um eine Spalte.
- Kennzeichnen Sie die Erweiterung mit h_j.
- Tragen Sie in Ihre Tabelle für alle m Werte $h_j = f_j/n$ ein mit n = Anzahl der Merkmalsträger.

Oft werden Sie die relativen Häufigkeiten in Prozent angeben. Dazu multiplizieren Sie die h_j mit 100 und schreiben % dahinter.

---

[6] Beispielsweise Verteilung des Umsatzes auf verschiedene Produktgruppen im Januar und im August, oder die Verteilung der Verkaufszahlen gleicher Waren in verschiedenen Filialen.

Beispiel relative Häufigkeiten

Es wird von der Häufigkeitsverteilung aus dem Beispiel absolute Häufigkeiten ($n = 7$ Familien mit unterschiedlicher Kinderzahl) ausgegangen. Die relativen Häufigkeiten werden – hier einmal ganz ausführlich – als Dezimalbrüche und als Prozente angegeben.

Für die Berechnung wird zunächst die Anzahl n aller Merkmalträger (hier Anzahl der Familien, $n = 7$) benötigt.

Die relative Häufigkeitsverteilung ist dann eine Liste mit $4 = m < n = 7$ Wertepaaren x_j, h_j:

j	x_j	f_j	h_j	h_j [%]
1	0	1	0,14	14,29
2	1	3	0,43	42,86
3	2	2	0,29	28,57
4	3	1	0,14	14,29

Die relativen Häufigkeiten lassen sich einem Säulendiagramm oder auch in einem Tortendiagramm wie in den Abb. 3.3 und Abb. 3.4 darstellen.

Abb. 3.3 Relative Häufigkeitsverteilung, Säulendiagramm

Abb. 3.4 Relative Häufigkeitsverteilung, Tortendiagramm

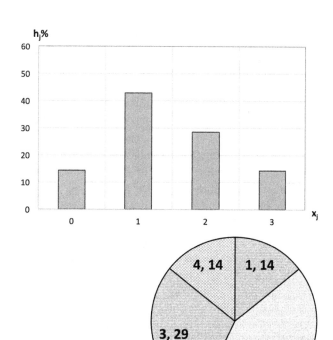

3.5   Kumulierte Häufigkeiten

Kumulierte Häufigkeiten beantworten Fragen wie

- Welcher Anteil der Kinder hat weniger als 10 € Taschengeld?
- Wie viele Produkte dominieren 85 % des gesamten Umsatzes[7]?

Die Anzahl der Merkmalsträger einer statistischen Masse/Gesamtheit, bei denen die Ausprägungen des Merkmals höchstens gleich x_j ist, heißen kumulierte absolute Häufigkeiten F_j und werden wie folgt berechnet:

$$F_j = f_1 + f_2 + \ldots + f_j = \sum_{k=1}^{j} f_k \qquad (3.1)$$

Analog können Sie die kumulierten relativen Häufigkeiten berechnen:

$$H_j = h_1 + h_2 + \ldots + h_j = \sum_{k=1}^{j} h_k = F_j/n \qquad (3.2)$$

Kochrezept kumulierte absolute Häufigkeiten und kumulierte relative Häufigkeiten

- Erstellen Sie aus der Urliste mit n Merkmalsausprägungen eine Häufigkeitsverteilung f_j wie im Kochrezept absolute Häufigkeiten gezeigt und erweitern Sie sie gleich um die Spalte h_j für die relativen Häufigkeiten.
- Erweitern Sie die Tabelle um zwei weitere Spalten.
- Kennzeichnen Sie die Erweiterung mit F_j für die absoluten und mit H_j für die relativen kumulierten Häufigkeiten
- Tragen Sie in Ihre Tabelle für $j = 1$ $F_1 = f_1$ und $H_1 = h_1$ ein.
- Tragen Sie in Ihre Tabelle für $j = 2$ $F_2 = f_2 + F_1$ und $H_2 = h_2 + H1$ ein.
- Verfahren Sie mit allen weiteren Zeilen mit $F_j = f_j + F_{j-1}$ und $H_j = h_j + Hj - 1$.

Die letzte Zeile $i = m$ sollte $F_m = n$ und $H_m = 1$ bzw. 100 % aufweisen. Wenn nicht, haben Sie sich verrechnet.

---

[7] Das wäre das typische Ergebnis einer betriebswirtschaftlichen ABC-Analyse im Handel oder produzierenden Gewerbe. Wie diese Analyse mit dem in der Wohlfahrt verwendeten Gini-Koeffizienten zusammenhängt, erfahren Sie im entsprechenden Abschnitt.

Beispiel kumulierte absolute Häufigkeiten und kumulierte relative Häufigkeiten

Es wird von der Häufigkeitsverteilung aus dem Beispiel absolute Häufigkeiten ($n = 7$ Familien mit unterschiedlicher Kinderzahl) ausgegangen. Die absoluten und relativen Häufigkeiten sind die gleichen wie im oben angeführten Beispiel. Die Tabelle wird lediglich um die absoluten und relativen kumulierten Häufigkeiten erweitert (zur Veranschaulichung als Dezimalbruch und in Prozent).

j	x_j	f_j	h_j	h_j [%]	F_j	H_j	H_j [%]
1	0	1	0,1429	14,29	1	0,1429	14,29
2	1	3	0,4286	42,86	4	0,5715	57,15
3	2	2	0,2857	28,57	6	0,8572	85,72
4	3	1	0,1429	14,29	7	1,0000	100,00

Die kumulierten Häufigkeiten lassen sich, wie in Abb. 3.5 gezeigt, einem Säulendiagramm oder alternativ in einem Häufigkeitspolygon darstellen. Das Häufigkeitspolygon ist eine sinnvolle Darstellung im Falle von sehr vielen unterschiedlichen Merkmalsausprägungen.

Wenn nur die Häufigkeitsverteilung vorliegt, können Sie daraus auf die absoluten und relativen Häufigkeiten zurückrechnen:

$$f_j = F_j - F_{j-1}; \quad h_j = H_j - H_{j-1} \tag{3.3}$$

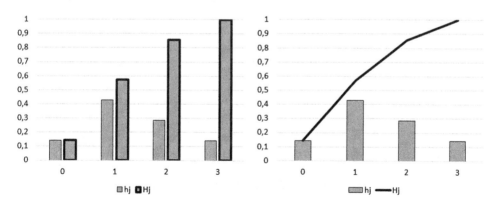

Abb. 3.5 Relative kumulierte Häufigkeitsverteilung, als Säulendiagramm und als Häufigkeitspolygon

3.6   Klassierte Häufigkeiten

Wenn Sie ein metrisches, stetiges Merkmal[8] untersuchen, kann es sein, dass Sie nicht einmal doppelte Werte vorfinden. Um dennoch eine Häufigkeitsverteilung ermitteln zu können, teilen Sie Ihr Merkmal in Klassen ein. Dann zählen Sie, wie viele Merkmalsausprägungen jeweils in eine Klasse fallen. Dabei sind Klassen als nicht überlappende, aneinander grenzende Intervalle definiert, die durch eine untere und eine obere Klassengrenze begrenzt und eindeutig festgelegt sind. Die Ermittlung der günstigen Anzahl der Klassen ist ein kreativer Akt: Ist die Anzahl zu klein (wenige Klassen), gehen zu viele Informationen verloren. Ist sie zu groß (zu viele Klassen), erkennen Sie die Struktur Ihrer Daten nicht mehr. Als Faustregel für die Anzahl Klassen m und Anzahl Merkmalsausprägungen n gilt:

$$m = \sqrt{n} \tag{3.4}$$

Die Klassenbreiten b sollten gleich groß sein und lassen sich unter Zuhilfenahme der kleinsten Merkmalsausprägung $x_{\min}$ und der größten Merkmalsausprägung $x_{\max}$ berechnen:[9]

$$b = \frac{x_{\max} - x_{\min}}{m} \tag{3.5}$$

Kochrezept klassierte Häufigkeiten
- Finden Sie in der Urliste mit n Merkmalsausprägungen x_i das Minimum $x_{\min}$ und das Maximum $x_{\max}$.
- Bestimmen Sie die Anzahl der Klassen, z. B. größte ganze Zahl $m \leq \sqrt{n}$.
- Bestimmen Sie die Klassenbreite mit $b = (x_{\max} - x_{\min})/m$.
- Legen Sie die einseitig offenen Intervalle $[x_k; x_{k+1})$ fest mit: $x_1 = x_{\min}$ für $k = 1$; $x_m = x_{\max}$ für $k = m$; $x_{k+1} = x_k + b$ sonst.
- Legen Sie eine neue Tabelle mit m Zeilen und den Spaltenbezeichnungen j, x_j, f_j an.
- Berechnen Sie die x_j als Intervallmitten aus den Intervallgrenzen x_k mit $x_j = \frac{x_k - x_k}{2}$. Damit sind die einseitig offenen Intervalle ausgedrückt mit den Intervallmitten $[x_k; x_{k+1}) = [x_j - b/2; x_j + b/2)$.
- Zählen Sie für jedes j wie viele Merkmalsausprägungen x_i in das jeweilig einseitig offene Intervall $[x_j - b/2; x_j + b/2)$ fallen. Das sind Ihre f_j.

Mit den so erhaltenen x_j und f_j können Sie wie weiter oben gezeigt ein Säulendiagramm erstellen.

---

[8] Ein Merkmal, das jeden beliebigen Wert annehmen kann und bei dem Sie für n Merkmalsträger auch n unterschiedliche Merkmalsausprägungen haben, d. h. nichts auszählen können.
[9] Die Klassenbreiten können auch unterschiedlich groß sein. Sie können dann nicht mehr die Höhen der Säulen des Diagramms vergleichen, sondern die Flächen der Säulen. Das ist zwar möglich, bedeutet aber methodisch mehr Aufwand und wird hier nicht behandelt.

Beispiel klassierte Häufigkeiten

Sie befragen in einer Transportfirma alle $n = 10$ Mitarbeiter nach dem Jahreseinkommen in ganzen € und erhalten folgende Urliste:

i	1	2	3	4	5	6	7	8	9	10
x_i	23.740	18.000	42.300	43.300	51.000	33.500	25.200	25.300	21.800	20.000

Die Urliste enthält $n = 10$ Elemente, die Anzahl der Klassen sollte also $3 = m \leq \sqrt{10}$ sein.[10] Das Minimum der x_i der Urliste beträgt 18.000, das Maximum 51.000. Bei nach oben halb offenen Intervallen würde das Maximum nicht erfasst. Mit den Rahmenbedingungen, dass die Intervalle von einigermaßen runden Zahlen eingegrenzt und alle Werte der Urliste erfasst werden, wird der kleinste Wert auf 15.000 und der größte Wert auf 60.000 gesetzt. Damit ergibt sich eine Klassenbreite $b = 15.000$ und die folgende Tabelle für die Häufigkeiten:

j	x_j	$x_j - b/2$	$x_j + b/2$	f_j
1	22.500	15.000	30.000	6
2	37.500	30.000	45.000	3
3	52.500	45.000	60.000	1

Die klassierten Häufigkeiten lassen sich einem Säulendiagramm oder alternativ – bei wenigen Klassen ($m \leq 7$) – in einem Tortendiagramm wie in Abb. 3.6 darstellen.

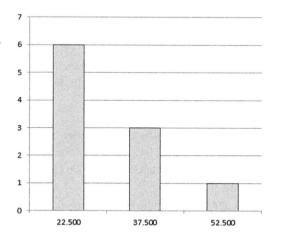
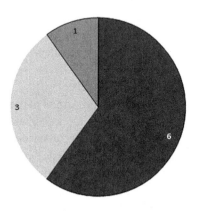

Abb. 3.6 Klassierte Häufigkeitsverteilung als Säulendiagramm und als Tortendiagramm

---

[10] Das Finden geeigneter Klassenanzahlen, Klassenmitten und Klassenbreiten ist ein kreativer, nicht trivialer Prozess. Häufig ist es in Abhängigkeit von der Fragestellung nötig, die Klassen anders als nach diesem Rechenschema zu wählen.

3.7   Mehrdimensionale Häufigkeiten

Oft sind Sie an zwei oder mehr Merkmalen gleichzeitig interessiert und wollen Zusammenhänge zwischen den Merkmalen herausbekommen. In diesem Fall beschäftigen Sie sich mit mehrdimensionalen Häufigkeiten.[11] Im Folgenden werden zwei Dimensionen mit Merkmalen X und Y sowie den Merkmalsausprägungen x_i und x_i betrachtet (mehr Dimensionen können analog behandelt werden). Ein Beispiel wäre die Betrachtung von den Merkmalsträgern „Wohnungen" mit den Merkmalen $X =$ „Wohnungsgröße" in qm und $Y =$ „Kaltmiete" in € pro Monat. Mit Hilfe von Streudiagrammen können Sie den Zusammenhang zwischen den Merkmalen visualisieren. Um Häufigkeiten auswerten zu können, werden i. d. R. die klassierten Häufigkeiten mit möglichst wenig Klassen untersucht. Eine weitergehende Analyse von zwei Merkmalen, die den Zusammenhang mit einer Formel beschreibt, werden Sie mit der Regressionsrechnung weiter hinten kennenlernen.

Kochrezept zweidimensionale Häufigkeiten
- Erzeugen Sie aus der Urliste aller Zweiertupel $(x_i; y_i)$ zwei Klasseneinteilungen mit m_x Klassen und der Klassenbreite b_x für das Merkmal X sowie m_y Klassen und der Klassenbreite b_y für das Merkmal Y wie im Kochrezept klassierte Häufigkeiten beschrieben.
- Erzeugen Sie eine Tabelle mit $m_x + 2$ Spalten und $m_y + 2$ Zeilen.
- Schreiben Sie in die erste Zeile ab der zweiten Spalte die Klassenmitten y_j oder die Intervalle für die Variable Y.
- Schreiben Sie in die erste Spalte ab der zweiten Zeile die Klassenmitten x_j oder die Intervalle für die Variable X.
- Zählen Sie nun für jede der $m_x \cdot m_y$ Tabellenzellen, wie viele Zweiertupel $(x_i; y_i)$ der jeweiligen Tabellenzelle zugeordnet werden können. Dazu muss zugleich (x_i Element in $[x_j - b_x; x_j + b_x]$) und (y_i Element in $[y_j - b_y; y_j + b_y]$) für jedes Zweiertupel gelten.
- Tragen Sie die Anzahl in die Tabellenzelle ein.
- Addieren Sie für jede Zeile getrennt die Anzahlen in den Tabellenzellen und schreiben Sie die Zeilensummen $f_{Y;j}$ in die letzte Spalte.
- Addieren Sie für jede Spalte getrennt die Anzahlen in den Tabellenzellen und schreiben Sie die Spaltensummen $f_{X;j}$ in die letzte Zeile.
- Die letzte Tabellenzelle (= letzte Zelle in der letzten Spalte bzw. letzten Zeile) enthält die Kontrollsumme und ist gleich der Gesamtanzahl aller Zweiertupel.

---

[11] Sie können sich eine Dimension als Achse in einem Koordinatensystem vorstellen. In einem Diagramm mit x- und y-Achse haben Sie zwei Dimensionen, in einem 3D-Diagramm mit x-, y- und z-Achse haben Sie drei Dimensionen.

Für die Spaltensummen und Zeilensummen gilt:

$$f_{Y:j} = \sum_{k=1}^{m_x} \cdot f_{y_j:k} \quad f_{X:j} = \sum_{k=1}^{m_y} \cdot f_{x_j:k} \tag{3.6}$$

Für die Gesamtsumme gilt:

$$n = \sum_{j=1}^{m_x} f_{Y:j} = \sum_{j=1}^{m_y} f_{X:j} = \sum_{l=1}^{m_y}\sum_{k=1}^{m_x} f_{k:l} \tag{3.7}$$

Die Zeilensummen sind die klassierten Häufigkeiten des Merkmals Y ohne Differenzierung nach Merkmal X, die Spaltensummen sind die klassierten Häufigkeiten des Merkmals X ohne Differenzierung nach Merkmal Y.

Beispiel zweidimensionale Häufigkeiten

Bei der Transportfirma aus dem Beispiel für klassierte Häufigkeiten wird nun als zweites Merkmal Y das Geschlecht betrachtet. Es ist nominalskaliert mit den Merkmalsausprägungen w für weiblich und m für männlich. Die Urliste sieht wie folgt aus:

i	1	2	3	4	5	6	7	8	9	10
x_i	23.740	18.000	42.300	43.300	51.000	33.500	25.200	25.300	21.800	20.000
y_i	m	w	w	w	m	m	m	m	m	m

Als drittes Merkmal könnte man nun noch das Alter und als viertes Merkmal die formale Ausbildung hinzunehmen. Die Klassenbildung für das Alter würde genauso wie im Kochrezept verlaufen, formale Ausbildungsgänge könnte man geeignet zusammenfassen. Allerdings wäre dann eine Auswertung nicht mehr sinnvoll, da die einzelnen Zellen der mehrdimensionalen Tabelle gering – oder in vielen Fällen gar nicht – besetzt wären.

Das Geschlecht mit nur zwei Ausprägungen ist sogar direkt die Klasseneinteilung. Die Häufigkeitsverteilung hat nun zwei Dimensionen und wird wie folgt als Tabelle dargestellt. Dabei ist in den Spalten die Klassenmitte des Einkommensbereichs x_j und in den Zeilen das Geschlecht y_k eingetragen:

	$x_1 = 22.500$	$x_2 = 37.500$	$x_3 = 52.500$	Zeilensumme $f_{Y:k}$
$y_1 = $ „m"	5	1	1	7
$y_2 = $ „w"	1	2	0	3
Spaltensumme $f_{X:j}$	6	3	1	$10 = n$

Die Spaltensummen sind die klassierten Häufigkeiten des Einkommens wie im vorherigen Beispiel. Die Zeilensummen geben das gesamte Einkommen der Frauen und

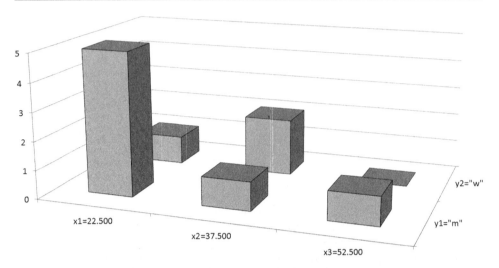

Abb. 3.7 Zweidimensionale Häufigkeitsverteilung als Säulendiagramm

Männer in der Transportfirma an. In der letzten Spalte und letzten Zeile steht die Gesamtzahl aller Merkmalsausprägungen n. Die Zellen der Tabelle können nun wie folgt gelesen bzw. ausgewertet werden:

- In der Transportfirma gibt es fünf männliche Personen in der Einkommensklasse um 22.500 € (erste Spalte, erste Zeile).
- In der Transportfirma arbeiten drei Frauen und sieben Männer.
- In der höchsten Einkommensklasse mit 52.200 € arbeiten nur Männer (nämlich nur einer, vermutlich der Firmeninhaber).
- Die meisten Frauen (zwei von drei) arbeiten in der mittleren Einkommensklasse.
- usw.

Eine Möglichkeit zweidimensionale Verteilungen grafisch zu visualisieren, ist die Darstellung durch dreidimensionale Säulendiagramme wie in Abb. 3.7.

3.8   Verteilungsformen von Häufigkeiten

Aus dem Aussehen des Säulendiagramms zu einer Häufigkeitsverteilung lassen sich wichtige Informationen über die Struktur einer Grundgesamtheit herauslesen.[12] Folgende Fragen werden z. B. beantwortet:

---

[12] Die Form der Häufigkeitsverteilung ist noch wichtig bei der Bestimmung von Lageparametern in den nächsten Abschnitten.

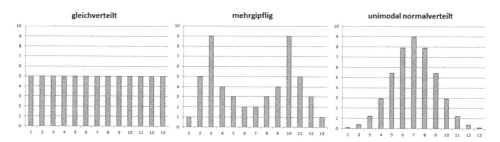

Abb. 3.8 Gleichverteilte, bimodalverteilte und unimodalverteilte Häufigkeiten

- Sind die verschiedenen Merkmalsausprägungen gleich über die Merkmalsträger verteilt (Gleichverteilung)?
- Gibt es eine Merkmalsausprägung, die häufiger als alle anderen vorkommt (unimodale Verteilung)?
- Gibt es mehrere gleich hohe Gipfel in der Verteilung (multimodale Verteilung)?
- Sind sehr kleine und sehr große Merkmalsausprägungen besonders häufig (U-förmige Verteilung)?
- Wenn die Verteilung unimodal ist, sieht sie dann symmetrisch aus?
- Wenn die Verteilung unimodal und nicht symmetrisch ist, ist sie dann rechtssteil[13] (entspricht linksschief) oder ist sie linkssteil (entspricht rechtsschief)?
- Wenn die Verteilung unimodal, symmetrisch und glockenförmig ist, ist sie dann breiter und bauchiger als eine Normalverteilung[14] oder ist sie spitzer und schmaler[15]?

Beispiele für Verteilungsformen

In Abb. 3.8 sind die drei Verteilungsformen gleichverteilt, zweigipflig und eingipflig gezeigt.

In Abb. 3.9 sehen Sie eine linkssteile bzw. rechtsschiefe Verteilung sowie eine bauchige Verteilung, die stärker gewölbt ist als eine Normalverteilung. Die entsprechenden Werte der Normalverteilung sind zur Veranschaulichung mit eingezeichnet.

Insbesondere die unimodale, glockenförmige Häufigkeitsverteilung kennzeichnet eine Grundgesamtheit, die sich sehr gut mit Lage- und Streuungsparametern aus den nächsten Abschnitten beschreiben lässt.

---

[13] Diese Eigenschaft heißt auch Exzess.

[14] Eine Normalverteilung ist eine spezielle, glockenförmige Verteilung, die besonders nützlich ist und häufig beobachtet wird. Der Normalverteilung ist ein eigener Abschnitt weiter hinten gewidmet (s. Abschn. 12.4).

[15] Diese Eigenschaft der „Bauchigkeit" heißt Kurtosis.

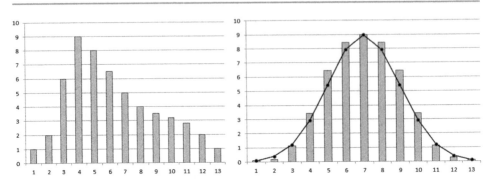

Abb. 3.9 Linkssteile und bauchige Verteilungen

Lageparameter

4

4.1 Überblick

Ein Lageparameter ist eine Verdichtung der in den Daten enthaltenen Informationen zu einer Zahl. Die Häufigkeitsverteilung vernachlässigt, zugunsten eines besseren Überblicks über die Struktur der Daten, Informationen über Details der Urliste. Insbesondere, wenn zwei oder mehr Datenmengen – also mehrere Urlisten – miteinander verglichen werden sollen, wünscht man sich neben einer Visualisierung quantitative Parameter, um nicht Verteilungsformen mit blumigen Worten beschreiben zu müssen. Ganz praktisch stellt sich diese Herausforderung bei der Beurteilung des Geschäftserfolges eines Unternehmens. I. d. R. beschreiben Kennzahlen den Geschäftserfolg. Kennzahlen sind die Verdichtung der statistischen Eigenschaften einer Datenmenge auf einen oder wenige Parameter – also Zahlen, die man vergleichen kann.

Die Parameter, die eine Datenmenge charakterisieren, können sich auf zwei ähnlich gelagerte Sachverhalte zu gleichen Zeiträumen beziehen (z. B. der Vergleich der Umsätze von zwei Filialen eines Lebensmittelhändlers oder der Vergleich der Abschlussnoten in zwei Schulen verschiedener Städte) oder aber auch auf eine zeitliche Entwicklung des gleichen Sachverhalts (z. B. der Vergleich der Umsätze einer Filiale eines Lebensmittelhändlers in zwei verschiedenen Jahren oder der Vergleich der Abschlussnoten von zwei Jahrgängen in derselben Schule). Der quantitative Vergleich von solchen Parametern und der Schluss von Eigenschaften der Stichprobe auf Eigenschaften der Grundgesamtheit ist Gegenstand der schließenden Statistik.

Insbesondere Daten, die eine unimodale, glockenförmige Häufigkeitsverteilung zeigen, lassen sich mit einem Lageparameter und einem Streuungsparameter gut und zutreffend beschreiben. Je mehr die Häufigkeitsverteilung von der Glockenform abweicht, desto ungenauer beschreiben Lage- und Streuungsparameter die Struktur der Daten. Zudem sind – je nach Verteilungsform – unterschiedliche Berechnungen dieser Parameter sinnvoll.

Lageparameter geben so etwas wie eine zentrale Tendenz oder die Mitte einer Datenmenge an. Die Lageparameter, die in diesem Buch behandelt werden, sind der Modus

© Springer-Verlag GmbH Deutschland 2017
C. Brell, J. Brell, S. Kirsch, *Statistik von Null auf Hundert*, Springer-Lehrbuch,
DOI 10.1007/978-3-662-53632-2_4

oder Modalwert, der Median und die Quartile, das arithmetische Mittel, das harmonische Mittel und das geometrische Mittel. Sie werden ein paar nützliche Eigenschaften der Lageparameter kennen lernen, so dass Sie mit der Berechnung verschiedener Lageparameter einiges über die Verteilung erfahren, ohne die Häufigkeitsverteilung zeichnen zu müssen.

4.2   Modus, Modalwert

Der Modus oder Modalwert ist ein einfach zu berechnender Lageparameter. Es ist der Wert einer Urliste, der am häufigsten vorkommt.[1] Wichtig ist, den Modus nicht mit der größten Merkmalsausprägung der Urliste, dem Maximum, zu verwechseln.

Kochrezept Modus
- Sortieren Sie die Urliste aufsteigend nach der Größe der Merkmalsausprägungen. Das Sortieren erleichtert Ihnen das nachfolgende auszählen.
- Zählen Sie, wie oft die kleinste Merkmalsausprägung vorkommt. Diese Anzahl nennen Sie x_{Mo}.
- Zählen Sie, wie oft die nächstkleinste Merkmalsausprägung vorkommt. Ist diese Anzahl größer als x_{Mo}, dann benennen Sie nun die neue, größere Anzahl mit x_{Mo}.
- Fahren Sie nun so mit allen weiteren Merkmalsausprägungen bis zur größten Merkmalsausprägung fort.
- Die so ermittelte Anzahl x_{Mo} ist der Modus.
- Haben Sie mehrere verschiedene Merkmalsausprägungen, die gleich häufig vorkommen, liegt eine multimodale Verteilung vor. Für diese Daten können Sie den Modus nicht bestimmen.
- Haben Sie ein stetiges Merkmal und kommen alle Werte der Urliste nur ein Mal vor, können Sie den Modus nicht bestimmen.
- Wenn Sie die Häufigkeitsverteilung in Form eines Säulendiagramms zeichnen, ist der Wert x_j für die höchste Säule der Modus. Wenn das Diagramm mehrere gleich hohe Säulen zeigt, haben Sie eine multimodale Verteilung und können den Modus nicht bestimmen.

Beispiel Modus
Für das Beispiel betrachten wir ein Konkurrenzunternehmen zur Transportfirma aus dem vorigen Abschnitt und nennen Sie Transportfirma2. Sie befragen in der Transportfirma2 alle $n = 10$ Mitarbeiter nach dem Jahreseinkommen auf ganze tausend Euro gerundet und erhalten folgende Urliste:

---

[1] Bei einem stetigen Merkmal wird es oft vorkommen, dass Sie den Modus nicht berechnen können, da jede Merkmalsausprägung nur ein Mal vorkommt. Abhilfe schafft dann eine Diskretisierung durch geeignete Klassenbildung mit ggf. sehr vielen Klassen.

i	1	2	3	4	5	6	7	8	9	10
x_i	23.000	18.000	43.000	43.000	55.000	33.500	23.000	23.000	23.000	18.000

Die sortierte Urliste ist:

i	1	2	3	4	5	6	7	8	9	10
x_i	18.000	18.000	23.000	23.000	23.000	23.000	33.500	43.000	43.000	55.000

Es liegen fünf verschiedene Gehälter vor. Das zweitgrößte Gehalt von 23.000 Euro kommt am häufigsten (vier Mal) vor, damit ist $x_{Mo} = 23.000$. Beachten Sie: x_{Mo} ist nicht gleich dem größten Wert von 55.000 Euro.

```
EXCEL-Tipp: Den Modus berechnen Sie mit =MODUS.EINF(C4:C13).
```

Rahmenbedingungen für die Anwendung
Den Modus können Sie, eine unimodale Verteilung vorausgesetzt, für alle Skalenniveaus verwenden. Sie können den Modus insbesondere auch für nominalskalierte Merkmale (Haarfarbe, Handytarifbezeichnung etc.) berechnen. Für Verteilungen mit mehreren gleichen größten Häufigkeiten oder – im Extremfall – einer Gleichverteilung, ist die Berechnung des Modus nicht sinnvoll.

4.3 Median

Der Median x_{ME} teilt Ihre Urliste in Hälften mit je gleich vielen Merkmalsträgern wie in Abb. 4.1. Ungefähr gleich viele Merkmalsträger haben eine größere bzw. eine kleinere Merkmalsausprägung als der Median. Der Median ist bei ungerader Anzahl n der Merkmalsträger der Wert x_i der sortierten Urliste, der genau in der Mitte liegt. Bei gerader Anzahl n der Merkmalsträger ist der Median das Mittel aus den beiden mittleren Merkmalsausprägungen.

$$x_{ME} = x_{(n+1)/2} \qquad (n \text{ ungerade})$$

$$x_{ME} = \frac{x_{n/2} + x_{n/2+1}}{2} \qquad (n \text{ gerade}) \tag{4.1}$$

Abb. 4.1 Stetiges Merkmal X und Lage des Median x_{ME}

Kochrezept Median
- Sortieren Sie die Urliste aufsteigend nach der Größe der Merkmalsausprägungen.
- Bestimmen Sie die Anzahl n der Merkmalsträger.
- Wenn n ungerade: Suchen Sie den Merkmalsträger $i = (n + 1)/2$. Der Median ist dann dessen Merkmalsausprägung $x_{ME} = x_{(n+1)/2}$.
- Wenn n gerade: Suchen Sie die Merkmalsträger $i = n/2$ und $i = n/2 + 1$. Der Median ist dann das Mittel der Merkmalsausprägung $x_{ME} = (x_{n/2} + x_{n/2+1})/2$.

Beispiel Median

1. Fall ungerade Anzahl: Gegeben sei die schon sortierte Urliste mit $n = 3$ Werten. Das könnten die Jahresgehälter von drei Spielern einer Skatrunde sein.

i	1	2	3
x_i	38.000	41.000	55.000

Der mittlere Wert (= der Median) beträgt $x_{ME} = x_{(n+1)/2} = x_2 = 41.000$.

2. Fall gerade Anzahl: Gegeben sei die schon sortierte Urliste mit $n = 4$ Werten. Das könnten die Jahresgehälter von vier Spielern einer Doppelkopfrunde sein.

i	1	2	3	4
x_i	38.000	41.000	45.000	55.000

Der Median beträgt $x_{ME} = \frac{x_{n/2} + x_{n/2+1}}{2} = \frac{41.000 + 45.000}{2} = 43.000$.

`EXCEL`-Tipp: Den Median berechnen Sie mit `=MEDIAN(C4:C13)`.

Rahmenbedingungen für die Anwendung

Den Median können Sie für rangskalierte und metrische Daten einsetzen. Er ist ein gut geeigneter Lageparameter für Untersuchungen mit „unschönen Daten", also Daten mit wenigen Merkmalsträgern oder Merkmalen mit nicht-unimodaler Verteilung. Für nominalskalierte Merkmale (Haarfarbe, Handytarifbezeichnung etc.) ist der Median nicht bestimmbar. Er ist robust und verändert sich kaum, wenn Sie Daten mit Ausreißern[2] haben.

---

[2] Ausreißer nennt man Daten, die unerwartet sind oder weit außerhalb der Verteilung liegen. Ein Beispiel wäre einer der Teilnehmer der Doppelkopfrunde aus dem Median-Beispiel mit mehreren Millionen Euro Jahreseinkommen. Weitere Hinweise finden Sie im Abschn. 5.7.

4.4   Quartile und Quantile

Quartile geben keine zentrale Tendenz an, sondern teilen die Urliste in vier Teile auf. Quantile sind eine Verallgemeinerung der Quartile, teilen die Urliste in viele Teile auf und werden analog zu den Quartilen berechnet. Quartile werden in diesem Nachschlagewerk intensiv besprochen, da sie die Grundlage für Boxplots darstellen und in der Statistik häufig verwendet werden.

Eine sortierte Urliste lässt sich mit den drei Quartilen Q_1, Q_2 und Q_3 in vier Teile, die etwa die gleiche Anzahl Merkmalsträger haben, aufteilen. Für die Berechnung der Quartile werden Sie in verschiedenen Lehrbüchern und im Internet unterschiedliche Berechnungsvarianten finden. In diesem Buch ist eine Variante gewählt, die die gleichen Ergebnisse wie die Berechnung mit Excel liefert. Dabei werden für Q_1 und Q_3 gewichtete Mittel zwischen Merkmalsausprägungen berechnet. Q_2 entspricht dem Median x_{ME}.

Kochrezept Quartile
- Sortieren Sie die Urliste aufsteigend nach der Größe der Merkmalsausprägungen.
- Für das erste Quartil Q_1:
  - Suchen Sie den Wert, der größer gleich 25 % ($= 1/4$) der kleineren Werte und kleiner gleich 75 % ($= 3/4$) der größeren Werte ist. Q_1 liegt an der $(n+1)/4$. Stelle.
  - Wenn die $(n+1)/4$. Stelle ganzzahlig ist, so ist $Q_1 = x_{(n+1)/4}$.
  - Wenn die $(n+1)/4$. Stelle nicht ganzzahlig ist, dann interpolieren Sie zwischen dem Wert, der dem ganzzahligen Anteil entspricht und dem darauf folgenden Wert: Sei A = ganzzahliger Anteil von $(n+1)/4$ und B = Nachkommaanteil $= (n+1)/4 - A$. Berechnen Sie $Q_1 = x_A + B \cdot (x_{A+1} - x_A)$.
- Das zweite Quartil ist gleich dem Median $Q_2 = x_{ME}$.
- Für das dritte Quartil Q_3:
  - Suchen Sie den Wert, der gerade größer gleich 75 % ($= 3/4$) der kleineren Werte ist. Q_3 liegt an der $3 \cdot (n+1)/4$. Stelle.
  - Wenn die $3 \cdot (n+1)/4$. Stelle ganzzahlig ist, so ist $Q_3 = x_{3(n+1)/4}$.
  - Wenn die $3 \cdot (n+1)/4$. Stelle nicht ganzzahlig ist, dann interpolieren Sie zwischen dem Wert, der dem ganzzahligen Anteil entspricht und dem folgenden Wert wie folgt: Sei A = ganzzahliger Anteil von $3 \cdot (n+1)/4$ und B = Nachkommaanteil $= 3 \cdot (n+1)/4 - A$. Berechnen Sie $Q_1 = x_A + B \cdot (x_{A+1} - x_A)$.

Beispiele Quartile

1. Fall teilbare Anzahl: Gegeben sei die schon sortierte Urliste mit $n = 7$ Werten.

i	1	2	3	4	5	6	7
x_i	3	4	7	15	15	20	20

Dann ist $(n + 1)/4 = 2$ und $Q_1 = x_2 = 4$, $Q_2 = x_{ME} = 15$ und $Q_3 = x_6 = 20$.

2. Fall nicht teilbare Anzahl: Gegeben sei die schon sortierte Urliste mit $n = 6$ Werten.

i	1	2	3	4	5	6
x_i	3	4	7	15	15	20

Dann ist $(n + 1)/4 = 1{,}75$, $3 \cdot (n + 1)/4 = 5{,}25$,

$$Q_1 = x_1 + 0{,}75 \cdot (x_2 - x_1) = 3{,}75,$$

$$Q_2 = x_{ME} = (15 + 7)/2 = 11 \quad \text{und}$$

$$Q_3 = x_5 + 0{,}25 \cdot (x_6 - x_5) = 16{,}25.$$

Für den Fall der oben angeführten Doppelkopfrunde ist

$$(n + 1)/4 = 1{,}25, \quad 3(n + 1)/4 = 3{,}75,$$

$$Q_1 = x_1 + 0{,}25 \cdot (x_2 - x_1) = 38.750,$$

$$Q_2 = x_{ME} = 43.000 \quad \text{und}$$

$$Q_3 = x_5 + 0{,}25 \cdot (x_6 - x_5) = 52.500.$$

```
EXCEL-Tipp: Die Quartile berechnen Sie mit
=QUARTILE.EXKL(C4:C13;1). Der letzte Wert in der Klammer gibt
das Quartil an, hier das erste Quartil. Quantile berechnen Sie
ähnlich mit
=QUANTIL.EXKL(C25:C30;0,33). Der letzte Wert in der Klammer
gibt den Anteil an, hier 0,33. Für 0,25 entspräche das dem
ersten Quartil.
```

Rahmenbedingungen für die Anwendung

Quantile und Quartile können Sie wie den Median für rangskalierte und metrische Daten berechnen.

4.5 Arithmetisches Mittel

Das arithmetische Mittel ist der als Mittelwert bekannte Lageparameter. Es wird aus der Summe aller Merkmalsausprägungen, geteilt durch die Anzahl n, gebildet. Liegen die Daten als Häufigkeitsverteilung vor, werden die unterschiedlichen Merkmalsausprägungen mit ihrer Häufigkeit multipliziert und dann addiert. Beachten Sie in (4.2), dass im Fall der Häufigkeitsverteilung über m Werte addiert, jedoch durch die Gesamtanzahl n geteilt wird.

$$\bar{x} = \frac{1}{n} \sum_{i=1}^{n} x_i = \frac{1}{n} \sum_{j=1}^{m} x_j f_j \tag{4.2}$$

Kochrezept arithmetisches Mittel
- Wenn Sie die Urliste vorliegen haben, addieren Sie alle n Merkmalsausprägungen x_i der Urliste.
- Wenn Sie die Urliste nicht vorliegen haben, aber die Häufigkeitsverteilung kennen:
  - Multiplizieren Sie jede unterschiedliche Merkmalsausprägung x_j mit ihrer Häufigkeit f_j.
  - Addieren Sie alle m Produkte $x_j f_j$.
- Teilen Sie die Summe durch die Gesamtanzahl der Merkmalsträger $n = \sum_{j=1}^{m} f_j$ (nicht durch die Anzahl der unterschiedlichen Merkmalsausprägungen m).

Beispiel Arithmetisches Mittel

Gegeben sei die schon sortierte Urliste mit $n = 4$ Werten. Das könnten die Jahresgehälter von vier Spielern einer Doppelkopfrunde sein.

i	1	2	3	4
x_i	38.000	41.000	45.000	55.000

Die Summe ist 179.000, der Mittelwert ist $\bar{x} = 179.000/4 = 44.750$.

4.6   Gewichtetes Mittel

Das gewichtete Mittel ist das gleiche wie das arithmetische Mittel einer Häufigkeitsverteilung. Zusätzlich werden die unterschiedlichen Merkmalsausprägungen mit der Häufigkeit gewichtet. Oft wird das gewichtete Mittel auf relative Häufigkeiten angewendet. Das Vorgehen ist das gleiche wie im Kochrezept für das arithmetische Mittel.

Beispiel gewichtetes Mittel

Es wird von dem Beispiel für relative Häufigkeiten ($n = 7$ Familien mit unterschiedlicher Kinderzahl) ausgegangen.

j	x_j	h_j	$x_j \cdot h_j$
1	0	0,1429	0
2	1	0,4286	0,4286
3	2	0,2857	0,5714
4	3	0,1429	0,4286
Summe		1,0000	1,4286

Das gewichtete Mittel beträgt gerundet 1,43 Kinder pro Familie.

4.7 Harmonisches Mittel

Das harmonische Mittel $\bar{x}_\text{harm}$ ist die Möglichkeit, Durchschnittswerte von Quoten zu bestimmen. Es ist der Kehrwert des arithmetischen Mittels der Kehrwerte der gewichteten Daten.[3]

$$\bar{x}_\text{harm} = \frac{n}{\sum_{i=1}^{n} \frac{1}{x_i}} = \frac{n}{\frac{1}{x_1} + \frac{1}{x_2} + \ldots + \frac{1}{x_n}} = \frac{f_1 + f_2 + \ldots f_m}{\frac{f_1}{x_1} + \frac{f_2}{x_2} + \ldots + \frac{f_m}{x_m}} \qquad (4.3)$$

Kochrezept harmonisches Mittel

- Erstellen Sie eine Tabelle mit vier Spalten und den Spaltenbezeichnungen j, x_j, f_j, $\frac{f_j}{x_j}$.
- Wenn Sie eine Häufigkeitsverteilung oder gewichtete Daten vorliegen haben, füllen Sie die weiteren m Zeilen mit j, x_j, f_j.
- Wenn Sie die Urliste mit Gewichten 1 vorliegen haben, füllen Sie die weiteren n Zeilen mit $j = i$, x_j und setzen Sie alle $f_j = 1$.
- Addieren Sie alle Werte der Spalte $\frac{f_j}{x_j}$.
- Teilen Sie die Summe durch n (nicht durch m).

Beispiel harmonisches Mittel

Mittelwert von zwei Geschwindigkeiten bei gleicher Strecke:

Ein Rennradfahrer fährt 30 km mit $x_1 = 40$ km/h und 30 km mit $x_2 = 20$ km/h. Insgesamt kommt er damit 60 km weit, benötigt dafür aber $\frac{30\,\text{km}}{40\,\text{km/h}} + \frac{30\,\text{km}}{20\,\text{km/h}} = 0{,}75\,\text{h} + 1{,}5\,\text{h} = 2{,}25\,\text{h}$. Das entspricht einer Durchschnittsgeschwindigkeit von 60 km/2,25 h = 26,67 km/h.

---

[3] Das harmonische Mittel ist unanschaulich und die sophistische Erläuterung soll nicht abschrecken. Das Beispiel wird zur Klärung beitragen.

Direkt in die Formel eingetragen:

$$\bar{x}_{\text{harm}} = \frac{f_1 + f_2}{\frac{f_1}{x_1} + \frac{f_2}{x_2}}$$

$$= \frac{30\,\text{km} + 30\,\text{km}}{\frac{30\,\text{km}}{40\,\text{km/h}} + \frac{30\,\text{km}}{20\,\text{km/h}}} \quad (\text{Kürzen mit } 30\,\text{km})$$

$$= \frac{1 + 1}{\frac{1}{40\,\text{km/h}} + \frac{1}{20\,\text{km/h}}} = \frac{2}{\frac{3}{40}} = 26{,}27\,\text{km/h}.$$

Zum Vergleich Mittelwert von zwei Geschwindigkeiten bei gleicher Zeitdauer:

Ein Rennradfahrer fährt eine Stunde mit $x_1 = 40\,\text{km/h}$ und eine Stunde mit $x_2 = 20\,\text{km/h}$. Insgesamt kommt er damit 60 km weit und benötigt zwei Stunden. Das entspricht einer Durchschnittsgeschwindigkeit von 30 km/h und damit dem arithmetischen Mittel.

EXCEL-Tipp: Das harmonische Mittel berechnen Sie mit
=HARMITTEL(D48:D49). Excel berechnet das harmonische Mittel nur
mit den Gewichten 1, d.\,h. die f_j müssen für alle j gleich sein.

Rahmenbedingungen für die Anwendung

Immer dann, wenn die Gewichtung einer Ausprägung die gleiche Einheit wie der Zähler aufweist und man somit durch die Ausprägung teilen müsste, ist das harmonische Mittel erforderlich. Eine Berechnung der zentralen Tendenz mit dem arithmetischen Mittel wäre hier falsch. Die folgende Tabelle zeigt beispielhaft Anwendungsfälle.

Merkmal	Einheit der Ausprägung
Durchfluss	Liter pro Stunde $\frac{\text{l}}{\text{h}}$
Durchfallquote	Durchgefallene Teilnehmer pro Teilnehmer gesamt, in Prozent (f_i sind hier die Anzahl der durchgefallenen Teilnehmer)
Produktionsgeschwindigkeit	Stück pro Stunde $\frac{\text{Stk.}}{\text{h}}$

Das Merkmal muss verhältnisskaliert sein. Zudem müssen alle Merkmalsausprägungen positiv oder negativ sein.

Tipp: Die Anwendung des harmonischen Mittels ist fehlerträchtig, denn häufig haben Menschen kein Gespür für Quotienten. Rechnen Sie, wenn möglich, auf absolute Zahlen in der Einheit des Nenners zurück und arbeiten Sie dann mit dem arithmetischen Mittel.

4.8 Geometrisches Mittel

Das geometrische Mittel gibt bei einer zeitlichen Veränderung eines Wertes A, die durch Multiplikation mit Faktoren $x_i = \frac{\text{Wert zum Zeitpunkt } i \; A_i}{\text{Wert zum Zeitpunkt } i-1 \; A_{i-1}}$ beschrieben werden kann, den durchschnittlichen Wachstumsfaktor $\bar{x}_{\text{geom}}$ wieder. Das geometrische Mittel wird als n-te

Wurzel aus dem Produkt aller Faktoren oder als n-te Wurzel aus dem Quotienten aus dem Endwert A_n geteilt durch den Anfangswert A_0 berechnet.

$$\bar{x}_{\text{geom}} = \sqrt[n]{x_1 \cdot x_2 \cdot \ldots x_n} = \sqrt[n]{\frac{\text{Endwert } A_n}{\text{Anfangswert } A_0}} \quad (4.4)$$

Kochrezept geometrisches Mittel
- Stellen Sie die Urliste Ihrer Werte in zeitlich aufsteigender Reihenfolge auf. Beginnen Sie mit dem Index 0.
- Ermitteln Sie eine neue Liste x_i der n Faktoren.
- Multiplizieren Sie alle x_i miteinander.
- Ziehen Sie die n-te Wurzel aus dem Produkt.

Beispiele geometrisches Mittel

Nehmen Sie an es geht um die Wertentwicklung eines Aktiendepots. Der Verkaufswert eines Aktiendepots entwickelt sich wie in der folgenden Urliste:

Jahr	2009	2010	2011	2012	2013
i	0	1	2	3	4
Wert A_i in tausend Euro	71	73	75	78	82

Fragestellung: Um welchen Faktor stieg der Wert des Depots im Schnitt pro Jahr. Rechnung 1 (mit Faktoren[4]):

Jahr	2010	2011	2012	2013
i	1	2	3	4
Wachstumsfaktor x_i	1,028	1,027	1,040	1,051

Produkt der Wachstumsfaktoren: 1,1549
geometrisches Mittel: $\bar{x}_{\text{geom}} = \sqrt[4]{1,1549} = 1,0368$.
Rechnung 2 (mit Anfangs- und Endwert):
geometrisches Mittel: $\bar{x}_{\text{geom}} = \sqrt[n]{\frac{\text{Endwert } A_n}{\text{Anfangswert } A_0}} = \sqrt[4]{\frac{82}{71}} = 1,0368$.

Rahmenbedingungen für die Anwendung
Die Daten müssen verhältnisskaliert sein.

---

[4] Den ersten Faktor berechnen Sie mit $x_1 = \frac{A_1}{A_0}$, den zweiten mit $x_2 = \frac{A_2}{A_1}$ usw.

4.9 Vergleich der Lageparameter

Für eine unimodale, symmetrische Häufigkeitsverteilung sind Modus, Median und arithmetisches Mittel gleich und liegen bei dem x_j mit der höchsten Säule. Anders sieht es mit nichtsymmetrischen, unimodalen Verteilungen aus. Hier gilt:

$$x_{\text{Mo}} < x_{\text{ME}} \quad \text{und} \quad x_{\text{Mo}} < \bar{x}$$

bei rechtsschiefen, linkssteilen, unimodalen Verteilungen

$$x_{\text{Mo}} > x_{\text{ME}} \quad \text{und} \quad x_{\text{Mo}} > \bar{x}$$ (4.5)

bei rechtssteilen, linksschiefen, unimodale Verteilungen

Ob der Median nun größer oder kleiner als das arithmetische Mittel ist, hängt von den Ausreißern ab. Der Median zeigt sich von einzelnen Extremwerten nicht beeindruckt, das arithmetische Mittel hingegen reagiert empfindlich auf Ausreißer. Um festzulegen, was Ausreißer sind und was nicht, zieht man am besten Streuungsparameter zu rate, die in den nächsten Abschnitten behandelt werden.

Das harmonische Mittel ist immer kleiner als das geometrische Mittel. Das geometrische Mittel ist immer kleiner als das arithmetische Mittel.

$$\bar{x}_{\text{harm}} \le \bar{x}_{\text{geom}} \le \bar{x}$$ (4.6)

Beispiel Vergleich verschiedener Lageparameter

Die folgende Tabelle mit drei Urlisten und den jeweiligen Lageparametern zeigt die Werte für drei unterschiedliche unimodale Datensammlungen, eine symmetrische X_a, eine linkssteile X_b und eine rechtssteile X_c:

i	$x_{a;i}$	$x_{b;i}$	$x_{c;i}$
1	1	1	1
2	2	2	2
3	2	2	2
4	3	2	3
5	3	2	3
6	3	3	3
7	3	3	4
8	3	3	4
9	4	4	4
10	4	4	4
11	5	5	5
Summe	33	31	35
$\bar{x}$	3	2,818	3,182
x_{Mo}	3	2	4
x_{ME}	3	3	3
$\bar{x}_{\text{geom}}$	2,784	2,586	2,933
$\bar{x}_{\text{harm}}$	2,519	2,34	2,619

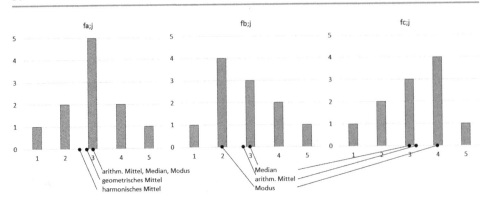

Abb. 4.2 Beispiele für Lageparameter

Die folgende Tabelle und Abb. 4.2 stellen die Häufigkeitsverteilungen dar:

j	x_j	$f_{a;j}$	$f_{b;j}$	$f_{c;j}$
1	1	1	1	1
2	2	2	4	2
3	3	5	3	3
4	4	2	2	4
5	5	1	1	1

Streuungsparameter

5.1 Überblick

Lageparameter geben die zentrale Tendenz bzw. die Mitte einer Datenmenge an. Sie teilen Ihnen mit, wie die Daten um die Lageparameter herum verteilt sind. Die Streuungsparameter, die in diesem Buch behandelt werden, sind die Spannweite und der Interquartilsabstand sowie Varianz, Standardabweichung und Variationskoeffizient. Spannweite und Quartilsabstand werden meist in Zusammenhang mit dem Median verwendet. Varianz, Standardabweichung und Variationskoeffizient stehen in Zusammenhang mit dem arithmetischen Mittel.

5.2 Spannweite

Die Spannweite ist der Abstand zwischen dem kleinsten und dem größten Wert einer Urliste.

$$\text{Span} = x_{\max} - x_{\min} \tag{5.1}$$

Kochrezept Spannweite
- Sortieren Sie die Urliste aufsteigend nach der Größe der Merkmalsausprägungen. Das Sortieren erleichtert Ihnen das Finden des Minimums und des Maximums.
- Suchen Sie das Maximum. In der sortierten Liste ist $x_{\max} = x_n$.
- Suchen Sie das Minimum. In der sortierten Liste ist $x_{\min} = x_1$.
- Bilden Sie die Differenz $\text{Span} = x_{\max} - x_{\min}$

© Springer-Verlag GmbH Deutschland 2017
C. Brell, J. Brell, S. Kirsch, *Statistik von Null auf Hundert*, Springer-Lehrbuch,
DOI 10.1007/978-3-662-53632-2_5

Als Beispiel dient wieder Transportfirma2. Sie befragen in der Transportfirma2 alle $n = 10$ Mitarbeiter nach dem Jahreseinkommen in ganzen Euro und erhalten folgende schon sortierte Urliste:

i	1	2	3	4	5	6	7	8	9	10
x_i	18.000	18.000	23.000	23.000	23.000	23.000	33.500	43.000	43.000	55.000

Das kleinste Gehalt ist $x_{min} = 18.000$ Euro, das größte Gehalt ist $x_{max} = 55.000$ Euro. Die Spannweite ist Span $= 55.000$ Euro $- 18.000$ Euro $= 37.000$ Euro.

EXCEL-Tipp: Die Spannweite berechnen Sie mit
=MAX(C4:C13)-MIN(C4:C13).

Rahmenbedingungen für die Anwendung
Die Spannweite setzt grundsätzlich intervallskalierte Merkmale voraus. Oft wird sie aber auch für rangskalierte Daten angewendet.

5.3   Zentraler Quartilsabstand

Der Interquartilsabstand oder zentrale Quartilsabstand ZQA ist die Differenz zwischen drittem und erstem Quartil. Innerhalb des zentralen Quartilsabstands liegen etwa die Hälfte aller Werte der Urliste.

$$ZQA = Q_3 - Q_1 \qquad (5.2)$$

Kochrezept zentraler Quartilsabstand
- Sortieren Sie die Urliste aufsteigend nach der Größe der Merkmalsausprägungen. Das Sortieren erleichtert Ihnen das Finden der Quartile.
- Bestimmen Sie die Quartile wie in Abschn. 4.4 beschrieben.
- Bilden Sie die Differenz $ZQA = Q_3 - Q_1$.

Als Beispiel dient wieder Transportfirma2 aus Kap. 4, Beispiel Modus. Sie befragen in der Transportfirma alle $n = 10$ Mitarbeiter nach dem Jahreseinkommen in ganzen Euro und erhalten folgende schon sortierte Urliste:

i	1	2	3	4	5	6	7	8	9	10
x_i	18.000	18.000	23.000	23.000	23.000	23.000	33.500	43.000	43.000	55.000

$n = 10$ ist nicht durch 4 teilbar, die Quartile berechnen Sie mit

$$(n + 1)/4 = 2{,}75, \quad 3(n + 1)/4 = 8{,}25,$$

$$Q_1 = x_2 + 0{,}75(x_3 - x_2) = 21.750,$$

$$Q_3 = x_8 + 0{,}25(x_9 - x_8) = 43.000.$$

Der zentrale Quartilsabstand ist dann ZQA $= Q_3 - Q_1 = 43.000 - 21.750 = 21.250$.

EXCEL-Tipp: Den zentralen Quartilsabstand berechnen Sie mit
=QUARTILE.EXKL(C4:C13;3)-QUARTILE.EXKL(C4:C13;1)).

Rahmenbedingungen für die Anwendung
Der zentrale Quartilsabstand setzt zwar grundsätzlich intervallskalierte Merkmale voraus, wird aber in der Regel für rangskalierte Daten angewendet. Der zentrale Quartilsabstand ist ein gegen Ausreißer robuster Streuungsparameter.

5.4 Varianz

Die Varianz σ^2 ist ein Streuungsmaß, das als Summe der quadrierten Abweichungen der Merkmalswerte vom Mittelwert, dividiert durch die Anzahl n der Merkmalsträger, berechnet wird. Sie anschaulich zu interpretieren gestaltet sich schwierig. Bislang wurde stillschweigend davon ausgegangen, dass die Parameter für die Grundgesamtheit berechnet werden. Die Berechnung der Varianz s^2 für eine Stichprobe[1] unterscheidet sich von der Berechnung für die Grundgesamtheit. Für die Grundgesamtheit ist die Varianz:

$$\sigma^2 = \frac{1}{n} \sum_{j=1}^{m} (x_j - \bar{x})^2 \, f_j = \frac{1}{n} \sum_{i=1}^{n} (x_i - \bar{x})^2 \tag{5.3}$$

Die Berechnung der Varianz für eine Stichprobe ist lediglich eine Abschätzung für die „wahre" Streuung der Grundgesamtheit. (5.3) würde, angewendet auf eine Stichprobe, allerdings die Varianz der Grundgesamtheit unterschätzen. Eine bessere Näherung – insbesondere für kleine n – erhält man, wenn durch $n - 1$ statt durch n geteilt wird.

$$s^2 = \frac{n}{n-1}\sigma^2 = \frac{1}{n-1} \sum_{i=1}^{n} (x_i - \bar{x})^2 = \frac{1}{n-1} \sum_{j=1}^{m} (x_j - \bar{x})^2 \, f_j \tag{5.4}$$

---

[1] Um die Varianz einer Stichprobe von der einer Grundgesamtheit zu unterscheiden, wird sie mit s^2 statt mit σ^2 bezeichnet.

Kochrezept Varianz

- Um Rechenfehler zu vermeiden, lohnt es sich, für die Berechnung eine Tabelle anzulegen und nicht mit langen Formelkolonnen zu rechnen.
- Erstellen Sie aus der Urliste eine Tabelle mit vier Spalten und den Spaltenköpfen i, x_i, $x_i - \bar{x}$, $(x_i - \bar{x})^2$ und weiteren $n + 2$ Zeilen. In die letzten beiden Zeilen kommen Summen und Mittelwerte.
- Übertragen Sie i und x_i aus der Urliste in die Tabelle.
- Berechnen Sie die Summe x_i und tragen Sie sie in die vorletzte Zeile ein.
- Teilen Sie die Summe durch n und tragen Sie den Mittelwert $\bar{x}$ in die letzte Zeile ein.
- Berechnen Sie für jedes i die Werte $x_i - \bar{x}$ und $(x_i - \bar{x})^2$.
- Berechnen Sie die Summe der Spalte $(x_i - \bar{x})^2$ und tragen Sie sie in die vorletzte Zeile ein.
- Wenn Sie eine Grundgesamtheit vorliegen haben, teilen Sie die Summe durch n und tragen Sie den Wert in die letzte Tabellenzelle ein.
- Wenn Sie eine Stichprobe vorliegen haben, teilen Sie die Summe durch $n - 1$ und tragen Sie den Wert in die letzte Tabellenzelle ein.
- Der Wert in der letzten Tabellenzelle ist die Varianz.

Beispiele Varianz

Als sehr einfaches Beispiel dient die Skatrunde aus Abschn. 4.3. In der folgenden Tabelle sind alle Werte bereits berechnet. In den letzten Tabellenzellen stehen zwei Werte. Der obere ist die Varianz für eine Grundgesamtheit (es gibt und interessiert nur diese eine Skatrunde), der untere die Varianz für eine Stichprobe (die Skatrunde ist eine Auswahl für eine größere Gruppe von Menschen).

i	x_i	$x_i - \bar{x}$	$(x_i - \bar{x})^2)$
1	39.000	−6.000	36.000.000
2	41.000	−4.000	16.000.000
3	55.000	10.000	100.000.000
Summe	135.000	Summe:	152.000.000
Mittelwert	45.000	Grundgesamtheit	50.666.666,67
		Stichprobe	76.000.000

Durch das Quadrieren ergibt die Varianz manchmal eine sehr groß Zahl. Die Varianz für die Grundgesamtheit und die Stichprobe unterschieden sich insbesondere für kleine Anzahlen n deutlich.

Für das Beispiel der Transportfirma2 aus Kap. 4 ergibt sich eine Varianz für die Grundgesamtheit von $\sigma^2 = 145.862.500$ und für die Stichprobe von $s^2 = 162.069.444,40$. Für große n wird der Unterschied klein.

EXCEL-Tipp: Die Varianz für eine Grundgesamtheit berechnen Sie mit =VAR.P(C4:C13), die Varianz für eine Stichprobe mit =VAR.S(C4:C13).

Rahmenbedingungen für die Anwendung

Um die Varianz ausrechnen zu können, müssen die Daten intervallskaliert sein. Mit der Varianz können Sie die Streuung von zwei Datensätzen vergleichen. Ein Vergleich zweier Varianzen ist nur bei ähnlichem Mittelwert sinnvoll. Bei unterschiedlichen Mittelwerten ist der Variationskoeffizient ein sinnvoller Streuungsparameter.

5.5 Standardabweichung

Die Standardabweichung σ wird durch Wurzelziehen aus der Varianz gebildet. Damit hat die Standardabweichung die gleiche Dimension wie der Mittelwert. Anschaulich lässt sich die Standardabweichung lediglich bei normalverteilten Daten interpretieren, bei denen liegen nämlich etwa 68 % der Merkmalsausprägungen im Intervall $[\bar{x} - \sigma; \bar{x} + \sigma]$.

$$\text{Grundgesamtheit: } \sigma = \sqrt{\sigma^2} = \sqrt{\frac{1}{n}\sum_{i=1}^{n}(x_i - \bar{x})^2} = \sqrt{\frac{1}{n}\sum_{j=1}^{m}\left(x_j - \bar{x}\right)^2 f_j}$$

$$\text{Stichprobe: } s = \sqrt{s^2} = \sqrt{\frac{1}{n-1}\sum_{i=1}^{n}(x_i - \bar{x})^2} = \sqrt{\frac{1}{n-1}\sum_{j=1}^{m}\left(x_j - \bar{x}\right)^2 f_j}$$

$$(5.5)$$

Beispiel Standardabweichung

Für das einfache Beispiel der Skatrunde aus Abschn. 4.3. ergibt sich eine Standardabweichung von $\sigma = \sqrt{\sigma^2} = \sqrt{50.666.666,67} = 12.077,35$ im Falle der Grundgesamtheit und $s = \sqrt{s^2} = \sqrt{76.000.000} = 12.730,65$ im Fall der Stichprobe.

EXCEL-Tipp: Die Standardabweichung für eine Grundgesamtheit berechnen Sie mit =STABW.N(C4:C13), die Standardabweichung für eine Stichprobe mit =STABW.S(C4:C13).

Rahmenbedingungen für die Anwendung

Die Rahmenbedingungen für die Standardabweichung sind die gleichen wie bei der Varianz.

5.6   Variationskoeffizient

Der Variationskoeffizient VK ist die auf den Mittelwert bezogene Standardabweichung.
Er ist ein geeignetes Maß zum Vergleich der Streuung zweier Verteilungen mit sehr unterschiedlichen Mittelwerten.

$$\mathrm{VK} = \frac{s}{|\bar{x}|} \tag{5.6}$$

Oft wird der Variationskoeffizient in Prozent angegeben.

5.7   Boxplots

Boxplots geben einen schnellen Eindruck von der Struktur einer Verteilung und den Lage-
und Streuungsparametern. Sie sind eines der wichtigsten Visualisierungswerkzeuge, um
Daten in empirischen Untersuchungen grafisch aufzubereiten. Mit Boxplots können Sie
verschiedene Datensätze miteinander vergleichen. Das Grundprinzip eines Boxplots sehen
Sie in Abb. 5.1. Ein Boxplot kann horizontal oder vertikal gezeichnet werden.

> **Kochrezept Boxplot (horizontale Ausrichtung)**
> - Die Box hat die Breite des zentralen Quartilsabstands. Zeichnen Sie ein Rechteck
>   von beliebiger Höhe in ein Koordinatensystem oder auf einen Zahlenstrahl. Die
>   linke Kante liegt bei Q_1, die rechte Kante liegt bei Q_3.
> - An die Enden der Box zeichnen Sie sogenannte Whisker („Schnurrhaare"). Im
>   einfachen Fall – der Normalfall – sind die Enden der Whisker durch Minimum
> $x_{\min}$ und Maximum $x_{\max}$ bestimmt. Wenn Sie ahnen, dass Ihre Daten ungewöhn-
>   liche Merkmalsausprägungen sprich Ausreißer zeigen, wählen Sie als unteres

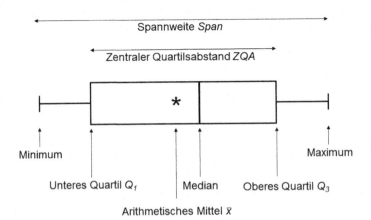

Abb. 5.1 Prinzipdarstellung eines Boxplots

Wiskerende $x_{ME} - 1{,}5 \cdot ZQA$ und als oberes Whiskerende $x_{ME} + 1{,}5 \cdot ZQA$. Werte, die dann außerhalb der Whiskerenden liegen, betrachten Sie als Ausreißer. Das ist willkürlich.

- Die Whiskerenden können auf die Boxränder fallen.
- In die Box zeichnen Sie als senkrechten teilenden Strich den Median.
- Der Median kann auf einen Boxrand fallen.
- Zum Vergleich können Sie in die Box das arithmetische Mittel $\bar{x}$ als Stern einzeichnen. Daran können Sie erkennen, ob Ihre Daten linkssteil oder rechtssteil verteilt sind.

Beispiel Boxplot

Abb. 5.2 zeigt den Zahlenstrahl mit Median, die Merkmalsausprägungen und den dazu passenden Boxplot.

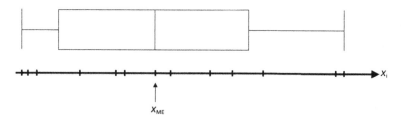

Abb. 5.2 Beispiel eines Boxplots

Konzentrationsparameter 6

6.1 Überblick

Konzentrationsparameter sind Maße, die Ihnen sagen, ob sich ein (besonders großer oder besonders kleiner) Bereich von Merkmalsausprägungen auf viele oder auf wenige Merkmalsträger verteilt. Konzentrationsparameter beantworten Ihnen folgende Fragestellungen:

- Verdienen viele Bewohner eines Landes das Gleiche[1] oder gibt es viele besonders Arme und besonders Reiche?
- Haben viele Menschen Zugang zu höherer Bildung oder nur wenige Privilegierte?
- Tragen alle Produkte oder Dienstleistungen eines Unternehmens gleichermaßen zum Umsatz bei oder gibt es wenige Topseller?
- Haben viele Unternehmen einer Branche einen vergleichbaren Marktanteil oder gibt es Marktführer?

Die Bedeutung der Konzentrationsparameter umfasst damit soziologische, volkswirtschaftliche und betriebswirtschaftliche Aspekte.[2]

In diesem Buch werden Sie drei Konzentrationsparameter kennenlernen: Die absolute Konzentration der ersten k Merkmalsträger, den Herfindahl-Index und den Gini-Koeffizienten mit dem verwandten Lorenz-Münzner-Koeffizienten.

---

[1] Damit ist nicht die mathematische Gleichverteilung gemeint, bei der alle Merkmalsausprägungen, hohe wie niedrige, gleich oft vorkommen, sondern eine Ungleichheit der Merkmalsausprägungen selbst. Allerdings findet man in wirtschaftswissenschaftlichen Veröffentlichungen tatsächlich hierfür den Begriff Gleichverteilung.

[2] So wird z. B. der weiter hinten beschriebene Gini-Koeffizienten im Rahmen einer ABC-Analyse zur Beurteilung des Warenumsatzes ebenso wie bei Betrachtung sozialer Ungleichheit eingesetzt.

© Springer-Verlag GmbH Deutschland 2017
C. Brell, J. Brell, S. Kirsch, *Statistik von Null auf Hundert*, Springer-Lehrbuch,
DOI 10.1007/978-3-662-53632-2_6

6.2   Absolute und relative Konzentrationen

Es werden zwei Arten von Konzentration unterschieden: absolute und relative Konzentration.

Absolute Konzentration
Eine absolute Konzentration entsteht z. B. durch Ausscheiden von Merkmalsträgern. Die Konzentration ist hoch, wenn ein großer Anteil der Merkmalssumme auf eine kleine absolute Zahl von Merkmalsträgern entfällt („wenige Firmen machen einen Großteil des Umsatzes").

Relative Konzentration (Disparität)
Relative Konzentration entsteht durch das Wachsen der Großen und Schrumpfen der Kleinen und erhöht damit die Ungleichheit. Die Konzentration ist hoch, wenn ein großer Anteil der Merkmalssumme auf einen kleinen relativen Anteil von Merkmalsträgern entfällt („ein geringer Anteil der Firmen macht einen Großteil des Umsatzes").

Die beiden Arten von Konzentration sind voneinander abhängig.

6.3   Konzentrationen der ersten k Merkmalsträger

Die Konzentration C_k der ersten k Merkmalsträger ist eine typische absolute Konzentration und wird wie folgt berechnet:

$$C_k = \frac{\sum_{i=1}^{k} x_i}{\sum_{i=1}^{n} x_i} = \sum_{i=1}^{k} a_i \tag{6.1}$$

mit $0 \leq C_k \leq 1$ und

a_i = Anteil der Merkmalsausprägung des i-ten Merkmalsträgers an der Summe aller Merkmalsausprägungen,

C_k = Anteil der Summe der ersten k Merkmalsausprägungen an der Summe aller Merkmalsausprägungen.

Kochrezept Konzentration der ersten k Merkmalsträger
- Sortieren Sie die Urliste absteigend nach der Größe der Merkmalsausprägungen.
- Legen Sie eine Anzahl k der Merkmalsträger fest.
- Summieren Sie die ersten k Merkmalsausprägungen der sortierten Urliste.
- Teilen Sie die Summe durch die Gesamtsumme der Merkmalsausprägungen aller n Merkmalsträger. Das ist die Konzentration C_k.
- Eine Konzentration auf die ersten k Merkmalsträger liegt vor, wenn C_k deutlich von k/n abweicht.

Beispiel Konzentration der ersten k Merkmalsträger

In einer Stichstraße wohnen zwei Familien, die Familie Meier ($i = 1$) und die Familie Schmitz ($i = 2$). Beide kaufen sich neue Autos. Der Kaufpreis und der alternative Kaufpreis für eine Vergleichsrechnung ist in der folgenden Tabelle angegeben:

i	Familie	Kaufpreis ($= x_i$)	Alternativer Kaufpreis
1	Meier	80.000	50.000
2	Schmitz	20.000	50.000

Es gibt nur zwei Merkmalsträger. Sei $k = 1$. Dann ist die Konzentration

$$C_1 = \frac{80.000}{80.000 + 20.000} = 0,8 = 80\,\%$$

Familie Meier besitzt $80\,\%$ des gesamten Autowertes in der Stichstraße und stellt $k/n = 50\,\%$ der Familien, der Autowert ist bei Familie Meier konzentriert. Im Falle des alternativen Kaufpreises wäre die Konzentration:

$$C_1 = \frac{50.000}{50.000 + 50.000} = 0,5 = 50\,\%$$

Der Autowert ist dann bei keiner Familie konzentriert, da $C_k = 0,5 = k/n = 1/2$.

Das Ergebnis ist willkürlich und hängt von der Wahl der Anzahl der betrachteten Merkmalsträger k ab. Die im Weiteren vorgestellten Konzentrationsparameter Herfindahl-Index und Gini-Koeffizient beziehen alle Merkmalsausprägungen mit ein.

6.4 Herfindahl-Index

Der Herfindahl-Index[3] $C_{\text{Herfindahl}}$ ist eine häufig benutzte Kennzahl zur Konzentrationsmessung in Märkten. Zur Errechnung des Herfindahl-Index wird von einer Verteilung von Objekten auf mehrere Gruppen ausgegangen: So teilt sich etwa der gesamte Absatz eines Erzeugnisses auf einem bestimmten Markt auf eine bestimmte Anzahl von Produzenten auf, die das Erzeugnis herstellen. Allerdings verteilt sich dieser Absatz selten gleichmäßig auf alle Erzeuger. Über das Ausmaß der Konzentration des Absatzes auf einen oder wenige Anbieter gibt der Herfindahl-Index Auskunft mit:

$$C_{\text{Herfindahl}} = \frac{\sum_{i=1}^{n} x_i^2}{\left(\sum_{i=1}^{n} x_i\right)^2} \tag{6.2}$$

mit $1/n \leq C_{\text{Herfindahl}} \leq 1$.

---

[3] Orris Clemens Herfindahl, 1918–1972. Der Index wird auch als Hirschman-Index oder Herfindahl-Hirschman-Index bezeichnet.

Je größer der Konzentrationsindex, desto größer ist die Konzentration. Bei einer gleichmäßigen Verteilung, d.h. wenn alle Merkmalsträger eine ähnlich hohe Merkmalsausprägung haben, ergibt sich für den Herfindal-Index der minimale Wert von $1/n$.

Kochrezept Herfindahl-Index
- Erstellen Sie eine Hilfstabelle mit den Spaltenköpfen i, x_i und x_i^2 und $n + 3$
  weiteren Zeilen.
- Übertragen Sie die Urliste, quadrieren Sie die Merkmalsausprägungen und tragen
  Sie sie in x_i^2 ein.
- Addieren Sie alle x_i und x_i^2 und schreiben Sie die Summen in die Zeile $n + 1$.
- Quadrieren Sie die Summe der x_i und schreiben Sie das Quadrat in die Zeile
  $n + 2$.
- Teilen Sie die Summe der Quadrate durch diesen Wert und tragen Sie das Ergeb-
  nis in die letzte Zelle in Zeile $n + 3$ ein. Das ist der Herfindahl-Index.

Beispiele Herfindahl-Index
Es wird wieder der Autopreis in der Stichstraße aus dem Beispiel Konzentration der
ersten k Merkmalsträger betrachtet. Es gibt nur $n = 2$ Merkmalsträger. Die Konzentration ist:

i	x_i	x_i^2
1	80.000	6.400.000.000
2	20.000	400.000.000
Summe	100.000	6.800.000.000
Quadrat	10.000.000.000	
$C_{\text{Herfindahl}}$		0,68

Der Autowert ist konzentriert, da er von $1/n = 0,5$ in Richtung 1 abweicht. Im
Falle des alternativen Kaufpreises wäre die Konzentration:

i	x_i	x_i^2
1	50.000	2.500.000.000
2	50.000	2.500.000.000
Summe	100.000	5.000.000.000
Quadrat	10.000.000.000	
$C_{\text{Herfindahl}}$		0,50

Der Autowert ist bei keiner Familie konzentriert, da $C_k = 0,5 = 1/n$.

6.5 Lorenz-Kurve

Die Lorenz-Kurve ist eine Möglichkeit, die Konzentration eines großen Teils der Merkmalswertsumme auf wenige Merkmalsträger zu visualisieren. Eine Auswertung der Flächen innerhalb der Lorenz-Kurve führt dann zum Gini-Koeffizienten. Die Lorenz-Kurve hat den Vorteil, dass sie immer in das gleiche Koordinatensystem gezeichnet wird und dementsprechend verschiedene Sachverhalte gut miteinander verglichen werden können. Die Lorenz-Kurve hat grundsätzlich das Aussehen wie in Abb. 6.1. Je mehr die Lorenz-Kurve, die aus der Urliste oder der Häufigkeitsverteilung berechnet werden kann, von der Vergleichsdiagonalen abweicht, desto größer ist die Konzentration.

Kochrezept Lorenz-Kurve
- Sortieren Sie die Urliste aufsteigend nach der Größe der Merkmalsausprägungen x_i. In manchen Fällen, z. B. der ABC-Analyse in der Betriebswirtschaftslehre, wird die Liste absteigend sortiert. Die Kurve liegt dann oberhalb der Diagonalen.
- Wenn Sie eine Häufigkeitsverteilung vorliegen haben, sortieren Sie die Häufigkeitsverteilung nach der Größe der Merkmalsausprägungen x_j.
- Erstellen Sie eine Hilfstabelle mit den Spaltenköpfen j; x_j; f_j; h_j; H_j; $x_j \cdot f_j$; $y_j = \frac{x_j \cdot f_j}{\sum_{j=1}^m x_j \cdot f_j}$; Y_j.
- Übertragen Sie die Urliste oder die Häufigkeitsverteilung in die Tabelle. Im Falle einer Urliste setzen Sie $j = i$ und alle $f_j = 1$.
- Berechnen Sie als Zwischenschritt die relativen Häufigkeiten $h_j = f_j/m$ und dann die kumulierten relativen Häufigkeiten $H_j = H_{j-1} + h_j$; $H_0 = 0$, $H_1 = h_1$.

Abb. 6.1 Prinzip der Lorenz-Kurve

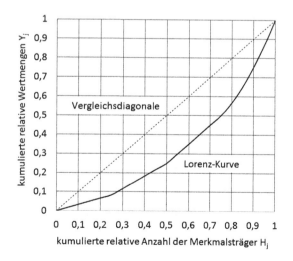

- Berechnen Sie mit $x_j \cdot f_j$ die Wertmengen, die auf eine Merkmalsausprägung entfallen.
- Berechnen Sie die gesamte Wertmenge $\sum_{j=1}^{m} x_j \cdot f_j = \sum_{i=1}^{n} x_i$.
- Berechnen Sie die relativen Wertmengen $y_j = \frac{x_j \cdot f_j}{\text{gesamte Wertmenge}}$, die auf die jeweiligen Merkmalsausprägungen entfallen.
- Berechnen Sie die kumulierten relativen Wertmengen $Y_j = Y_{j-1} + y_j$; $Y_0 = 0$, $Y_1 = y_1$.
- Tragen Sie in einem Diagramm Y_j (y-Achse von 0 bis 1 bzw. von 0 bis 100 %) gegen H_j (x-Achse von 0 bis 1 bzw. von 0 bis 100 %) gegeneinander auf. Das ist die Lorenz-Kurve.
- Zeichnen Sie zum Vergleich die Diagonale in das Diagramm.

Beispiele Lorenz-Kurve

Es wird wieder der Autopreis in der Stichstraße aus dem Beispiel Konzentration der ersten k Merkmalsträger betrachtet. Es gibt nur $n = 2$ Merkmalsträger. Allerdings werden nun andere Alternativszenarien betrachtet:

i	Familie	Kaufpreis ($= x_i$)	Alternativer Kaufpreis „fast gleich"	Alternativer Kaufpreis „maximal ungleich"
1	Schmitz	20.000	45.000	0
2	Meier	80.000	55.000	100.000

Die Urlisten sind breits aufsteigend sortiert. Für die drei Szenarien werden drei Hilfstabellen aufgebaut. Da Urlisten vorliegen, sind alle $f_j = 1$. Für den ersten Fall:

j	x_j	f_j	h_j	H_j	$x_j \cdot f_j$	$y_j = \frac{x_j \cdot f_j}{\sum_{j=1}^{m} x_j \cdot f_j}$	Y_j
				0			0
1	20.000	1	0,5	0,5	20.000	0,2	0,2
2	80.000	1	0,5	1	80.000	0,8	1
Summe					100.000		

Für den zweiten Fall (fast gleicher Autopreis):

j	x_j	f_j	h_j	H_j	$x_j \cdot f_j$	$y_j = \frac{x_j \cdot f_j}{\sum_{j=1}^{m} x_j \cdot f_j}$	Y_j
				0			0
1	45.000	1	0,5	0,5	45.000	0,45	0,45
2	55.000	1	0,5	1	55.000	0,55	1
Summe					100.000		

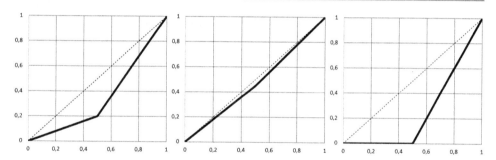

Abb. 6.2 Beipiele Lorenz-Kurve

Für den dritten Fall (eine Familie hat gar kein Auto):

j	x_j	f_j	h_j	H_j	$x_j \cdot f_j$	$y_j = \frac{x_j \cdot f_j}{\sum_{j=1}^{m} x_j \cdot f_j}$	Y_j
				0			0
1	0	1	0,5	0,5	0	0	0
2	100.000	1	0,5	1	100.000	1	1
Summe					100.000		

Die Ergebnisse sind in den drei Diagrammen in Abb. 6.2 dargestellt. Für das zweite Szenario mit fast gleichem Kaufpreis sehen Sie, wie sich die Lorenz-Kurve der Diagonalen annähert. Für den Extremfall im dritten Szenario sehen Sie, dass die Kurve zunächst auf der Nullinie bleibt und ab dem letzten Merkmalsträger steil auf 1 ansteigt.

Die Konzentration, die mit der Kurve grafisch dargestellt wird, kann mit einer Kennzahl angegeben werden. Die aus der Lorenz-Kurve resultierenden Konzentrationsparameter werden im folgenden Abschnitt vorgestellt.

6.6   Gini-Koeffizient, Lorenz-Münzner-Koeffizient

Zwei weitere Konzentrationsparameter sind der Gini-Koeffizient C_{Gini} und der Lorenz-Münzner-Koeffizient C_{LM}. Beide basieren auf den Berechnungen für die Lorenz-Münzner-Kurve. Anschaulich beschrieben ist der Gini-Koeffizient das Verhältnis der Fläche zwischen der Diagonalen und der Lorenz-Kurve sowie der Fläche der maximalen Konzentration, die für die Anzahl m der Häufigkeitsverteilung oder n der Urliste möglich wäre.

$$C_{\text{Gini}} = \frac{\text{Fläche zwischen Diagonalen und Lorenz-Kurve} = F}{\text{Fläche des Dreiecks } (0;0), (x_{\max};0), (1;1)} \tag{6.3}$$

mit $0 \leq C_{\text{Gini}} \leq \frac{n-1}{n}$.

Wenn Sie nur das Diagramm auf z. B. Millimeterpapier vorliegen haben, können Sie C_{Gini} durch Auszählen der Kästchen bestimmen. Wenn Sie hingegen die Urliste oder die Häufigkeitsverteilung haben, können Sie den Gini-Koeffizienten berechnen mit

$$C_{\text{Gini}} = 1 - \sum_{j=1}^{m} h_j \cdot \left(Y_{j-1} + Y_j\right) \tag{6.4}$$

mit $Y_0 = 0$.

Unschön ist, dass der Gini-Koeffizient als größten Wert nicht 1 annehmen kann. Diesen Umstand behebt der Lorenz-Münzner-Koeffizient, der den Gini-Koeffizienten wie folgt auf 1 normiert:

$$C_{\text{LM}} = C_{\text{Gini}} \cdot \frac{n}{n-1} \tag{6.5}$$

Kochrezept Gini-Koeffizent

- Erstellen und füllen Sie eine Hilfstabelle wie im Kochrezept zur Lorenz-Kuve mit den Spaltenköpfen j; x_j; f_j; h_j; H_j; $x_j \cdot f_j$; $y_j = \frac{x_j \cdot f_j}{\sum_{j=1}^{m} x_j \cdot f_j}$; Y_j.
- Fügen Sie eine Spalte mit dem Spaltenkopf $h_j \cdot (Y_{j-1} + Y_j)$ hinzu.
- Berechnen Sie die letzte Spalte für die Zeilen $j = 1$ bis $j = m$.
- Summieren Sie die Werte der letzten Spalte.
- Ziehen Sie diese Summe von 1 ab. Das ist der Gini-Koeffizient C_{Gini}.

Beispiele Gini-Koeffizient

Es wird wieder der Autopreis in der Stichstraße aus dem Beispiel Konzentration der ersten k Merkmalsträger betrachtet mit den Alternativszenarien aus den Beispielen zur Lorenz-Kurve. Für den ersten Fall:

j	x_j	f_j	h_j	H_j	$x_j \cdot f_j$	$y_j = \frac{x_j \cdot f_j}{\sum_{j=1}^{m} x_j \cdot f_j}$	Y_j	$h_j \cdot (Y_{j-1} + Y_j)$
				0			0	
1	20.000	1	0,5	0,5	20.000	0,2	0,2	0,1
2	80.000	1	0,5	1	80.000	0,8	1	0,6
Summe					100.000			0,7

Der Gini-Koeffizient beträgt $C_{\text{Gini}} = 1 - 0{,}7 = 0{,}3$. Die Konzentration liegt schon nahe an $\frac{n-1}{n}$, der Autowert ist konzentriert.

Für den zweiten Fall (fast gleicher Autopreis):

j	x_j	f_j	h_j	H_j	$x_j \cdot f_j$	$y_j = \frac{x_j \cdot f_j}{\sum_{j=1}^{m} x_j \cdot f_j}$	Y_j	$h_j \cdot (Y_{j-1} + Y_j)$
				0			0	
1	45.000	1	0,5	0,5	45.000	0,45	0,45	0,225
2	55.000	1	0,5	1	55.000	0,55		0,725
Summe					100.000			0,95

Der Gini-Koeffizient beträgt $C_{\mathrm{Gini}} = 1 - 0{,}95 = 0{,}05$. Die Konzentration ist nahe 0, der Autowert ist nicht konzentriert.

Für den dritten Fall (eine Familie hat gar kein Auto):

j	x_j	f_j	h_j	H_j	$x_j \cdot f_j$	$y_j = \frac{x_j \cdot f_j}{\sum_{j=1}^{m} x_j \cdot f_j}$	Y_j	$h_j \cdot (Y_{j-1} + Y_j)$
				0			0	
1	0	1	0,5	0,5	0	0	0	0
2	100.000	1	0,5	1	100.000	1	1	0,5
Summe					100.000			0,5

Der Gini-Koeffizient beträgt $C_{\mathrm{Gini}} = 1 - 0{,}5 = 0{,}5$. Der Autowert ist mit einer Konzentration von $\frac{n-1}{n} = 0{,}5$ maximal konzentriert.

Statistik in zwei Dimensionen

7.1 Überblick

Mit zweidimensionalen Häufigkeiten (siehe Abschn. 3.7) können Sie Aussagen über Merkmalsträger, die durch jeweils zwei Merkmalsausprägungen x_i und y_i gekennzeichnet sind, gewinnen.[1] In diesem Kapitel lernen Sie Zusammenhangsmaße – Kennzahlen, die den Zusammenhang zwischen den Merkmalen X und Y quantitativ beschreiben – kennen. Den Zusammenhang zwischen metrischen Merkmalen kann man mit der Kovarianz, der Korrelation Pearsons r und dem Bestimmtheitsmaß r^2 beschreiben. Ein Zusammenhangsmaß, das auch für nominalskalierte Merkmale geeignet ist, ist z. B. der Phi-Koeffizient ϕ. Es gibt eine große Anzahl von Zusammenhangsmaßen für verschiedenste Anforderungen (Kendalls τ etc.), die in diesem Buch lediglich erwähnt werden.

7.2 Streudiagramme

Einen ersten Eindruck über den Zusammenhang zwischen zwei Merkmalen liefert das Streudiagramm. Ein Streudiagramm hat zwei Achsen entsprechend den Merkmalen X und Y. Für jeden Merkmalsträger wird nun ein Punkt entsprechend seiner Merkmalsausprägungen x_i und y_i in das Streudiagramm eingezeichnet. Dadurch entstehen Punktwolken, deren Form etwas über den Zusammenhang der Merkmale aussagen:

- Bei einer kreisförmigen Verteilung der Punkte oder bei einer gleichmäßigen Verteilung der Punkte über das gesamte Diagramm liegt vermutlich kein Zusammenhang vor.
- Wenn alle Punkte genau auf einer Geraden liegen, haben die Merkmale einen perfekten Zusammenhang. Hat die Gerade eine positive Steigung, ist der Zusammenhang gleich-

---

[1] Ein weiteres, einfaches Beispiel wäre eine Liste von Urlaubsorten (Merkmalsträger i), für die die Anzahl jährlicher Sonnenstunden (Merkmal X) und die durchschnittliche Temperatur (Merkmal Y) angegeben sind.

© Springer-Verlag GmbH Deutschland 2017
C. Brell, J. Brell, S. Kirsch, *Statistik von Null auf Hundert*, Springer-Lehrbuch,
DOI 10.1007/978-3-662-53632-2_7

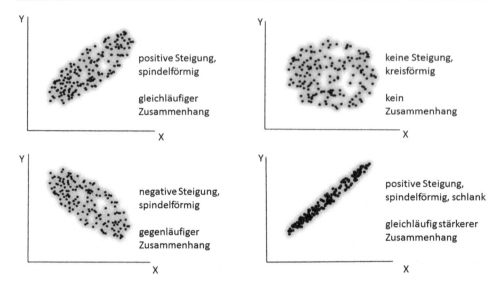

Abb. 7.1 Streudiagramme

läufig. Das bedeutet, dass zu einem großen Wert x_i auch ein großer Wert y_i gehört.
Hat die Gerade eine negative Steigung, so ist der Zusammenhang gegenläufig, d. h. zu
einem großen Wert x_i gehört ein kleiner Wert y_i bzw. genau umgekehrt.

- Zwischenstufen drücken sich durch eine spindelförmige Verteilung aus. Je schlanker
  die Spindel ist, desto stärker ist der Zusammenhang zwischen den Merkmalen.

Abb. 7.1 zeigt Beispiele für solche Punktwolken. Will man den Zusammenhang quantitativ fassen, so berechnet man aus den Merkmalsausprägungen das Zusammenhangsmaß
wie z. B. die Kovarianz.

7.3 Kovarianz

Die Varianz gibt die Streuung eines Merkmals um einen Mittelwert an. Die Kovarianz bildet für zwei Merkmale ein gemeinsames Streuungsmaß und misst somit die gleichzeitige
Abweichung der Merkmalsausprägungen von ihren Mittelwerten.

Die Kovarianz wird berechnet mit

$$\text{Grundgesamtheit: } \sigma_{xy} = \frac{1}{n} \sum_{i=1}^{n} (x_i - \bar{x}) \cdot (y_i - \bar{y})$$

$$\text{Stichprobe: } s_{xy} = \frac{1}{n-1} \sum_{i=1}^{n} (x_i - \bar{x}) \cdot (y_i - \bar{y})$$

(7.1)

σ_{xy} würde für eine Stichprobe – insbesondere bei kleinem Stichprobenumfang n – die
Varianz der Grundgesamtheit unterschätzen. Daher wird (als bessere Abschätzung der

„wahren" Kovarianz) bei der Stichprobe ein Faktor $\frac{n}{n-1}$ hinzugenommen, also $s_{xy} = \frac{n}{n-1} \cdot \sigma_{xy}$, was zur oben angegebenen Formel führt.

Die Kovarianz kann Werte zwischen $-\infty$ und ∞ annehmen. Bei einem positiven Wert liegt ein gleichläufiger Zusammenhang vor und bei einem negativen Wert ein gegenläufiger Zusammenhang.

Kochrezept Kovarianz

- Erstellen Sie eine Hilfstabelle mit den Spaltenköpfen i; x_i; y_i; $x_i - \bar{x}$; $y_i - \bar{y}$; $(x_i - \bar{x}) \cdot (y_i - \bar{y})$ und $n + 2$ Zeilen. Kennzeichnen Sie die Zeile $n + 1$ mit „Summe" und die Zeile $n + 2$ mit „Mittelwert".
- Übertragen Sie die Daten aus den Urlisten in die Spalten i; x_i; y_i. Ändern Sie die Zuordnung nicht, so dass zusammengehörende x_i; y_i immer in einer Zeile stehen.
- Berechnen Sie die Summen der Spalten x_i; y_i und tragen Sie das Ergebnis in die Spalte $n + 1$ ein. Berechnen Sie die Mittelwerte mittels Division durch n und tragen Sie sie in die Spalte $n + 2$ ein.
- Berechnen Sie die Spalten $x_i - \bar{x}$; $y_i - \bar{y}$; $(x_i - \bar{x}) \cdot (y_i - \bar{y})$.
- Berechnen Sie die Summe der letzten Spalte $(x_i - \bar{x}) \cdot (y_i - \bar{y})$.
- Teilen Sie diese Summe durch n, falls Sie eine Grundgesamtheit vorliegen haben oder durch $n - 1$, falls Sie eine Stichprobe vorliegen haben. Das Ergebnis ist die Kovarianz.

Beispiel Kovarianz

Für drei große Automobilkonzerne wurden in einer Wirtschaftszeitung der Umsatz und der Gewinn für 2013 wie folgt genannt (gerundet auf Milliarden Euro):

Konzern in	Japan	Deutschland	USA
Umsatz in Mrd. Euro	145	143	87
Gewinn in Mrd. Euro	14	9	4

Nur die drei Automobilkonzerne werden betrachtet, es handelt es sich um die Grundgesamtheit. Die Daten werden mit den Merkmalen $X =$ Umsatz und $Y =$ Gewinn in die Tabelle aus dem Kochrezept eingetragen:

Firma i	Umsatz x_i	Gewinn y_i	$x_i - \bar{x}$	$y_i - \bar{y}$	$(x_i - \bar{x}) \cdot (y_i - \bar{y})$
1	143	14	18	5	90
2	145	9	20	0	0
3	87	4	-38	-5	190
Summe	375	27	0	0	280
Mittelwert	125	9			

Aus der Summe lässt sich die Kovarianz mit $\sigma_{xy} = \frac{1}{3} \cdot 280 = 93{,}33$ berechnen. Würde es sich um eine Stichprobe[2] handeln, so könnte man die Kovarianz der Grundgesamtheit mit $s_{xy} = \frac{1}{3-1} \cdot 280 = 140$ abschätzen. Die Kovarianz ist positiv, es handelt sich um einen gleichläufigen Zusammenhang. Die grafische Darstellung finden Sie in Abb. 7.3 im Beispiel für die Regressionsrechnung.

```
EXCEL-Tipp: Die Kovarianz berechnen Sie mit
=KOVARIANZ.P(B30:B33;C30:C33) für eine Grundgesamtheit und
=KOVARIANZ.S(B30:B33;C30:C33) für eine Stichprobe.
```

7.4 Korrelation Pearsons r

Die Kovarianz hat den Nachteil, dass sie die Stärke des Zusammenhangs im Vergleich zu anderen Daten nicht wiedergibt. Normiert man sie mit den Einzelvarianzen auf den Bereich zwischen 0 und 1, erhält man als Zusammenhangsmaß die Korrelation[3] Pearsons r:

$$r = \frac{\sum_{i=1}^{n} (x_i - \bar{x}) \cdot (y_i - \bar{y})}{\sqrt{\sum_{i=1}^{n} (x_i - \bar{x})^2 \sum_{i=1}^{n} (y_i - \bar{y})^2}} \quad \text{bzw.}$$

$$r = \frac{s_{xy}}{s_x s_y} \tag{7.2}$$

> **Kochrezept Korrelation Pearsons r**
> - Erstellen Sie eine Hilfstabelle mit den Spaltenköpfen i; x_i; y_i; $x_i - \bar{x}$; $y_i - \bar{y}$; $(x_i - \bar{x}) \cdot (y_i - \bar{y})$ und $n + 2$ Zeilen. Kennzeichnen Sie die Zeile $n + 1$ mit „Summe" und die Zeile $n + 2$ mit „Mittelwert". Die Tabelle ist ähnlich derer für die Kovarianz. Man erweitert sie ausschließlich um die zwei Spalten $(x_i - \bar{x})^2$; $(y_i - \bar{y})^2$.
> - Übertragen Sie die Daten aus den Urlisten in die Spalten i; x_i; y_i. Ändern Sie die Zuordnung nicht, so dass zusammengehörende x_i; y_i in einer Zeile stehen.
> - Berechnen Sie die Summen der Spalten x_i; y_i und tragen Sie das Ergebnis in die Spalte $n + 1$ ein. Berechnen Sie mittels Division durch n die Mittelwerte und tragen Sie sie in Spalte $n + 2$ ein.

---

[2] D. h. man möchte aus den Daten der drei Automobilkonzerne auf die Kovarianz für alle Automobilkonzerne schließen.
[3] Eine Unterscheidung zwischen Grundgesamtheit und Stichprobe ist hier nicht erforderlich, da sich n bzw. $n - 1$ herauskürzt.

- Berechnen Sie die Spalten $x_i - \bar{x}$; $y_i - \bar{y}$; $(x_i - \bar{x}) \cdot (y_i - \bar{y})$; $(x_i - \bar{x})^2$; $(y_i - \bar{y})^2$.
- Berechnen Sie die Summe der drei letzten Spalten $(x_i - \bar{x}) \cdot (y_i - \bar{y})$; $(x_i - \bar{x})^2$; $(y_i - \bar{y})^2$.
- Multiplizieren Sie die Summen der beiden letzten Spalten $(x_i - \bar{x})^2$; $(y_i - \bar{y})^2$.
- Teilen Sie die Summe der drittletzten Spalte $(x_i - \bar{x}) \cdot (y_i - \bar{y})$ durch die Wurzel aus dem Produkt der Summen der letzten beiden Spalten. Das Ergebnis ist der Korrelationskoeffizient r.

Der Korrelationskoeffizient kann Werte zwischen -1 und 1 annehmen. Ist $r = 1$, so liegt ein perfekter gleichläufiger Zusammenhang vor. Ist $r = -1$, so liegt ein perfekter gegenläufiger Zusammenhang vor. Liegt r zwischen 0 und 1, so liegt ein gleichläufiger Zusammenhang vor, der als

- stark bezeichnet wird, wenn r zwischen 0,6 und 1 liegt, also $0,6 < r \leq 1$;
- mittel bezeichnet wird, wenn r zwischen 0,2 und 0,6 liegt, also $0,2 < r \leq 0,6$;
- schwach bezeichnet wird, wenn r zwischen 0 und 0,2 liegt, also $0 < r \leq 0,2$.

Analog gilt dies für $-1 < r < 0$. Bei $r = 0$ liegt kein Zusammenhang vor.

Beispiel Korrelationskoeffizient Pearsons *r*

Es wird das Beispiel der Autokonzerne aus dem Abschn. 7.3 verwendet und die Tabelle entsprechend erweitert:

Firma i	Umsatz x_i	Gewinn y_i	$x_i - \bar{x}$	$y_i - \bar{y}$	$(x_i - \bar{x}) \cdot (y_i - \bar{y})$	$(x_i - \bar{x})^2$	$(y_i - \bar{y})^2$
1	143	14	18	5	90	324	25
2	145	9	20	0	0	400	0
3	87	4	-38	-5	190	1444	25
Summe	375	27	0	0	280	2168	50
Mittelwert	125	9					

Den Korrelationskoeffizienten r berechnen Sie mit Werten aus der Tabelle mit $r = \frac{280}{\sqrt{2168 \cdot 50}} = 0,85$ (gerundet). Der Korrelationskoeffizient ist positiv und größer als 0,6. Somit handelt es sich um einen starken gleichläufigen Zusammenhang.

```
EXCEL-Tipp: Die Korrelation berechnen Sie mit
=KORREL(B30:B33;C30:C33).
```

7.5 Bestimmtheitsmaß

Das Bestimmtheitsmaß r^2 lässt sich aus dem Korrelationskoeffizienten r berechnen. Es sagt etwas darüber aus, welcher Anteil der Varianz des einen Merkmals durch die Varianz des anderen Merkmals hervorgerufen wird.[4] Wenn Sie Aussagen wie „Die Erkrankung des Organs A hängt zu 23 % vom Verhalten B ab" in der Zeitung lesen, steckt dahinter im einfachsten Fall die Berechnung des Bestimmtheitsmaßes. Die Rechnung sagt allerdings nichts über die Richtung des Ursache-Wirkungsgefüges aus – lediglich über die Stärke. Ob B durch A oder A durch B verursacht wird, müssen Sie selber herausfinden. Häufig können Sie so argumentieren: das, was vorher da war, ist die Ursache. Und das, was später kommt, ist die Wirkung. Das Bestimmtheitsmaß berechnen Sie aus dem Quadrat der Korrelation:

$$\text{Bestimmtheitsmaß} = r^2 \tag{7.3}$$

Beispiel Bestimmtheitsmaß r^2

Für die Autokonzerne nimmt man an, dass der Umsatz im Wesentlichen den Gewinn bestimmt (und nicht umgekehrt). Für unser Beispiel ist das Bestimmtheitsmaß $r^2 = 0{,}85^2 = 0{,}72$ (gerundet). Der Gewinn wird also zu 72 % durch den Umsatz bestimmt bzw. 72 % der Variation des Gewinns wird durch Variation des Umsatzes verursacht.

EXCEL-Tipp: Das Bestimmtheitsmaß berechnen Sie mit
=BESTIMMTHEITSMASS(B30:B33;C30:C33).

7.6 Phi-Koeffizient ϕ

Den Korrelationskoeffizienten r können Sie nur für metrische Merkmale berechnen. Obgleich die Voraussetzungen verletzt sind, wird r häufig auch für rangskalierte Merkmale berechnet und liefert einen Eindruck eines möglichen Zusammenhangs. Für nominalskalierte Merkmale ist dies nicht möglich. Um auch hier einen quantitativen Zusammenhang angeben zu können, gibt es für den einfachen Fall von zwei Merkmalen mit jeweils zwei Merkmalsausprägungen[5], im Folgenden mit 0 und 1 bezeichnet, das Zusammenhangsmaß ϕ.

---

[4] Dies wäre schon der erste Schritt in Richtung Varianzanalyse, die nicht Gegenstand des Buches ist. Sie finden hierzu aber Literaturtipps weiter hinten.

[5] Selbst für metrische Merkmale können Sie ϕ verwenden. Teilen Sie die Urlisten durch Mediansplit in jeweils zwei Kategorien 0 = niedrig (klein) und 1 = hoch (groß) auf und zählen Sie die Anzahlen.

Bezeichnet man die Anzahlen a, b, c und d der jeweiligen Merkmalsausprägung wie folgt

	X, Ausprägung $= 0$	X, Ausprägung $= 1$	Summe
Y, Ausprägung $= 0$	a	b	$a + b$
Y, Ausprägung $= 1$	c	d	$c + d$
Summe	$a + c$	$b + d$	$a + b + c + d$

dann berechnen Sie den Phi-Koeffizient mit:

$$\phi = \frac{a \cdot d - b \cdot c}{\sqrt{(a + b)(c + d)(a + c)(b + d)}} \tag{7.4}$$

Ob ϕ positiv oder negativ ist, hängt von der Anordnung der Merkmalsausprägungen ab. ϕ kann einen Wert zwischen -1 und 1 annehmen. Für $\phi = 0$ gibt es keinen Zusammenhang, bei $\phi = 1$ oder $\phi = -1$ ist der Zusammenhang perfekt.

Beispiel Phi-Koeffizient ϕ

Oft können Sie beobachten, dass dunkelhaarige Menschen braune Augen und hellhaarige Menschen blaue Augen haben. Das Merkmal X ist in diesem Beispiel die „Haarfarbe", das Merkmal Y ist die „Augenfarbe". Wenn Sie z. B. 10 Menschen beobachten und jeweils die Haar- und Augenfarbe notieren, könnte folgende Kreuztabelle herauskommen:

	Haarfarbe hell	Haarfarbe dunkel	Summe
Augenfarbe blau	3	2	5
Augenfarbe braun	1	4	5
Summe	4	6	10

Jeweils fünf Menschen haben blaue bzw. braune Augen, sechs haben dunkle Haare, vier haben helle Haare. Der Phi-Koeffizient ist dann

$$\phi = \frac{a \cdot d - b \cdot c}{\sqrt{(a + b)(c + d)(a + c)(b + d)}} = \frac{3 \cdot 4 - 2 \cdot 1}{\sqrt{(5)(5)(4)(6)}} = 0{,}41 \quad \text{(gerundet)}.$$

Es liegt ein mittlerer Zusammenhang zwischen Augenfarbe und Haarfarbe vor.

7.7   Chi-Quadrat χ^2

Wenn Sie in mindestens einem Merkmal mehr als zwei Ausprägungen haben, hilft der Phi-Koeffizient Ihnen nicht weiter. Hierfür gibt es den sogenannten Chi-Quadrat-Mehrfelder-Test. In der Mehrfeldertabelle (Erweiterung der Kreuztabelle) berechnen Sie erwartete Häufigkeiten, zu denen Sie die beobachteten Häufigkeiten ins Verhältnis setzen:

$$\chi^2 = \sum \frac{(\text{beobachtete} - \text{erwartete})^2}{\text{erwartete}} \tag{7.5}$$

Kochrezept Chi-Quadrat χ^2
- Erstellen Sie eine Hilfstabelle „erwartete Häufigkeiten", die ebenso aufgebaut ist wie die Tabelle mit den absoluten Häufigkeiten.
- Berechnen Sie die relativen Häufigkeiten für die Spaltensummen
- Berechnen Sie für jede Tabellenzelle die erwarteten Häufigkeiten, d. h. wie groß die Anzahl für den Fall wäre, dass es keinen Zusammenhang zwischen den Merkmalen gibt. In jeder Spalte sollten sich so die gleichen relativen Häufigkeiten ergeben.
- Erstellen Sie eine weitere Hilfstabelle „(beobachtete − erwartete)^2". Für jede Tabellenzelle berechnen Sie das Quadrat der Differenz zwischen erwarteten und beobachteten Häufigkeiten.
- Addieren Sie alle Werte der Hilfstabelle „(beobachtete − erwartete)^2" und teilen Sie das Ergebnis durch die Summe aller beobachteten Werte. Das Ergebnis ist Ihr χ^2.

Beispiel Chi-Quadrat χ^2

Es wird erneut das Phi-Koeffizienten Beispiel mit den Haar- und Augenfarben herangezogen. Die Berechnung funktioniert hier genauso – auch mit Tabellen mit mehr als zwei Zeilen oder Spalten. Die Kreuztabelle mit den beobachteten Merkmalen Haarfarbe und Augenfarbe sieht wie folgt aus:

	Haarfarbe hell	Haarfarbe dunkel	Summe
Augenfarbe blau	3	2	5
Augenfarbe braun	1	4	5
Summe	4	6	10
Summe in %	40 %	60 %	100 %

Die prozentuale Haarfarbe der $n = 10$ Merkmalsträger ist in der letzten Zeile angegeben. Wenn die Augenfarbe keinen Zusammenhang mit der Haarfarbe zeigen würde, hätten Sie eine gleichlautende Verteilung der Haarfarben für die Augenfarbe braun und für die Augenfarbe blau erwartet. Aus den relativen Anteilen lassen sich die erwarteten absoluten Anzahlen errechnen:

	Haarfarbe hell	Haarfarbe dunkel	Summe
Augenfarbe blau (erwartet)	2	3	5
Augenfarbe braun (erwartet)	2	3	5
Summe in %	40 %	60 %	100 %

Die Differenz der jeweiligen Tabellenzellen ist dann:

	Haarfarbe hell	Haarfarbe dunkel
Augenfarbe blau (beobachtet − erwartet)	1	−1
Augenfarbe braun (beobachtet − erwartet)	−1	1

Schließlich kann als vorletzter Schritt für jede Tabellenzelle $\frac{(\text{beobachtete}-\text{erwartete})^2}{\text{erwartete}}$ berechnet werden:

	Haarfarbe hell	Haarfarbe dunkel
Augenfarbe blau (beobachtet − erwartet)	0,50	0,33
Augenfarbe braun (beobachtet − erwartet)	0,50	0,33

Die Summe aller (in diesem Fall vier) Tabellenzellen ist dann Chi-Quadrat $\chi^2 = 1,66$. χ^2 ist von Null verschieden, es liegt also ein Zusammenhang vor.

Chi-Quadrat sagt zwar aus, ob ein Zusammenhang vorliegt. Da allerdings die Größe von Zeilen- und Spaltenzahl abhängt und – so wie die Kovarianz auch – beliebig groß werden kann, fehlt eine schnelle Information über die Stärke des Zusammenhangs. Schöner wäre es, eine Maßzahl wie bei der Korrelation zu haben, die zwischen 0 und 1 liegt. Dies gelingt mit dem Kontingenzkoeffizienten Pearsons P.

7.8 Kontingenzkoeffizient Pearsons P

Der Kontingenzkoeffizient Pearsons P verwendet als Berechnungsgrundlage sowohl Chi-Quadrat als auch die Anzahl der Fälle n. Er wird ermittelt mit:

$$P = \sqrt{\frac{\chi^2}{\chi^2 + n}} \tag{7.6}$$

P kann Werte zwischen 0 und 1 annehmen, erreicht jedoch nie die 1. Der Zusammenhang wird als

- stark bezeichnet, wenn P zwischen 0,6 und 1 liegt, also $0,6 < P \leq 1$;
- mittel bezeichnet, wenn P zwischen 0,2 und 0,6 liegt, also $0,2 < P \leq 0,6$;
- schwach bezeichnet, wenn P zwischen 0 und 0,2 liegt, also $0 < P \leq 0,2$.

Bei $P = 0$ liegt kein Zusammenhang vor.

Beispiel Kontingenzkoeffizient Pearsons P

Es wird das Phi-Koeffizienten Beispiel auch hier herangezogen. Aus dem Beispiel für Chi-Quadrat können Sie entnehmen: $\chi^2 = 1{,}66$, $n = 10$.

Dann ist der Kontingenzkoeffizient $P = \sqrt{\frac{\chi^2}{\chi^2+n}} = \sqrt{\frac{1{,}66}{1{,}66+10}} = 0{,}38$ (gerundet). Das ist ein mittelstarker Zusammenhang zwischen Augen- und Haarfarbe.

7.9   Weitere Zusammenhangsmaße: Cramers V, Kendalls τ etc.

Es gibt eine Vielzahl weiterer Zusammenhangsmaße mit jeweiligen Vor- und Nachteilen bei unterschiedlichen Anwendungsfällen. Ein weiteres Maß wäre z. B. Cramers V mit

$$V = \sqrt{\frac{\chi^2}{n \cdot (k-1)}} \tag{7.7}$$

mit $k =$ kleinere Zahl der Anzahl von Zeilen und Spalten.

Insbesondere bei rangskalierten Merkmalen werden die sogenannten Rangkorrelationskoeffizienten Spearmans ρ und Kendalls τ verwendet. Diese Koeffizienten können auch auf metrische Daten angewendet werden und haben den Vorteil, dass sie robust sind und keine Ansprüche hinsichtlich der Form der Häufigkeitsverteilung stellen. Man ersetzt dann lediglich die metrischen x_i und y_i durch ihre Ränge. Welches Zusammenhangsmaß man zweckmäßigerweise verwendet, hängt vom Untersuchungsgegenstand ab.

In den meisten Fällen werden Sie – z. B. als Betriebswirt – mit den vorgestellten Maßen Pearsons r und Kontingenzkoeffizient P auskommen.

Zusammenhangsmaße wie die oben genannten geben zwar an, ob es einen Zusammenhang gibt und wie stark er ist, lassen aber keine Prognose zu. Wenn Sie eine unbekannte Merkmalsausprägung aus einer Ihnen bekannten Merkmalsausprägung schätzen oder den Zusammenhang zweier Merkmale mit einer Formel angeben wollen, müssen Sie sich mit der Regression beschäftigen.

7.10   Regression

Die Regression ist eine Analyse von Merkmalsträgern mit zwei Merkmalen X und Y, die Prognosen für nicht bekannte Merkmalsausprägungen zulässt. Sie ist eine Berechnung der Steigung b und des Achsenabschnitts a einer linearen Gleichung

$$y = a + b \cdot x \tag{7.8}$$

Die Gleichung beschreibt eine gut an die Daten angepasste Gerade durch eine Punktwolke eines Streudiagramms wie in Abb. 7.2. Eine gute Anpassung erhält man, in dem man

Abb. 7.2 Regressionsgerade
für eine Punktwolke

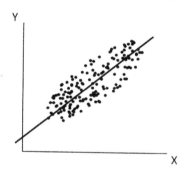

die Gerade so durch die Punktwolke legt, dass die Summe der quadratischen senkrechten Abstände der y-Koordinaten zur Regressionsgeraden minimal wird.[6] Die Steigung b berechnen Sie mit:

$$b = \frac{\sum_{i=1}^{n} (x_i - \bar{x})(y_i - \bar{y})}{\sum_{i=1}^{n} (x_i - \bar{x})^2} = \frac{s_{xy}}{s_{xx}} = \frac{s_{xy}}{(s_x)^2} \tag{7.9}$$

Den Achsenabschnitt a können Sie aus den Werten der Urlisten oder aus den Mittelwerten berechnen:

$$a = \frac{\sum_{i=1}^{n} y_i - b \sum_{i=1}^{n} x_i}{n} = \bar{y} - b \cdot \bar{x} \tag{7.10}$$

Kochrezept Regression

- Erstellen Sie eine Hilfstabelle mit den Spaltenköpfen i; x_i; y_i; $x_i - \bar{x}$; $y_i - \bar{y}$; $(x_i - \bar{x}) \cdot (y_i - \bar{y})$; $(x_i - \bar{x})^2$ und $n + 2$ Zeilen. Kennzeichnen Sie die Zeile $n + 1$ mit „Summe" und die Zeile $n + 2$ mit „Mittelwert".
- Übertragen Sie die Daten aus den Urlisten in die Spalten i; x_i; y_i. Ändern Sie die Zuordnung nicht, so dass zusammengehörende x_i; y_i in einer Zeile stehen.
- Berechnen Sie die Summen der Spalten x_i; y_i und schreiben Sie das Ergebnis in Zeile $n + 1$. Teilen Sie die Werte durch n und schreiben Sie das Ergebnis – die Mittelwerte $\bar{x}$ und $\bar{y}$ – in Zeile $n + 2$.
- Berechnen Sie die Spalten $x_i - \bar{x}$; $y_i - \bar{y}$; $(x_i - \bar{x}) \cdot (y_i - \bar{y})$; $(x_i - \bar{x})^2$.
- Teilen Sie die Summe der vorletzten Spalte $(x_i - \bar{x}) \cdot (y_i - \bar{y})$ durch die Summe der letzten Spalte $(x_i - \bar{x})^2$. Das Ergebnis ist die Steigung b.
- Ziehen Sie vom Mittelwert der y_i das Produkt aus Steigung b und Mittelwert der x_i ab. Das Ergebnis ist der Achsenabschnitt $a = \bar{y} - b \cdot \bar{y}$.

---

[6] Das ist die Methode der kleinsten Quadrate.

Beispiel Regression

Es wird das Beispiel der Autokonzerne aus dem Abschn. 7.3 verwendet und die Tabelle entsprechend erweitert:

Firma i	Umsatz x_i	Gewinn y_i	$x_i - \bar{x}$	$y_i - \bar{y}$	$(x_i - \bar{x}) \cdot (y_i - \bar{y})$	$(x_i - \bar{x})^2$
1	143	14	18	5	90	324
2	145	9	20	0	0	400
3	87	4	−38	−5	190	1444
Summe	375	27	0	0	280	2168
Mittelwert	125	9				

Die Steigung ist dann $b = \frac{\sum_{i=1}^{n}(x_i-\bar{x})(y_i-\bar{y})}{\sum_{i=1}^{n}(x_i-\bar{x})^2} = \frac{280}{2168} = 0{,}129$.

Den Achsenabschnitt berechnen Sie mit $a = \bar{y} - b \cdot \bar{x} = 9 - 0{,}129 \cdot 125 = -7{,}144$.

Die Gerade durch die Punktwolke – die in diesem Fall nur aus drei Punkten besteht – sehen Sie in Abb. 7.3. Die Güte der Anpassung gibt das Bestimmtheitsmaß r^2 an.

Mit der Gleichung für die Regressionsgeraden sind nun Prognosen für unbekannte Gewinnzahlen möglich. Haben Sie z. B. einen Umsatz eines weiteren Automobilkonzerns in Höhe von $x_4 = 160$ Mrd. Euro, so können Sie den Gewinn mit $y_4 = -7{,}144 + 0{,}129 \cdot 160 = 13{,}496$ Mrd. Euro abschätzen.

EXCEL-Tipp: Die Parameter der Regressionsgeraden bestimmen Sie mit =STEIGUNG() und =ACHSENABSCHNITT().

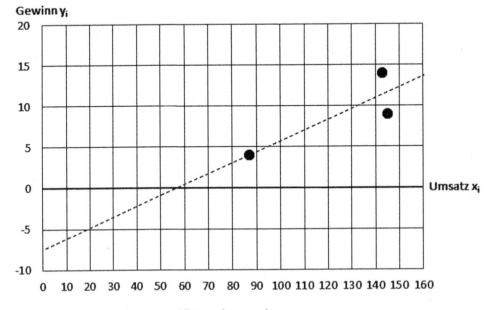

Abb. 7.3 Drei Merkmalsträger und Regressionsgerade

Verhältniszahlen

8

8.1 Überblick

Verhältniszahlen sind Quotienten zweier Zahlen, die in einem sachlogischen Zusammenhang stehen. Meist ist der Zähler des Quotienten ein Merkmal und der Nenner eine Bezugsgröße, z. B. eine Merkmalsausprägung zu einem bestimmten Zeitpunkt. Verhältniszahlen werden wie in Abb. 8.1 in Gliederungszahlen, Beziehungszahlen und Messzahlen unterteilt.

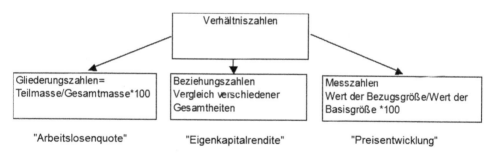

Abb. 8.1 Verhältniszahlen: Unterteilung in Gliederungszahlen, Beziehungszahlen, Messzahlen

© Springer-Verlag GmbH Deutschland 2017
C. Brell, J. Brell, S. Kirsch, *Statistik von Null auf Hundert*, Springer-Lehrbuch,
DOI 10.1007/978-3-662-53632-2_8

8.2   Gliederungszahlen

Gliederungszahlen werden in Quotientenform aus Werten einer statistischen Masse gebildet. Der Nenner steht für die Gesamtmasse, der Zähler für eine Teilmasse dieser. Gliederungszahlen bringen folglich den Anteil eines Teils am Ganzen zum Ausdruck und werden deshalb häufig als Prozentwerte[1] angegeben.

$$\text{Gliederungszahl} = \frac{\text{Teilmasse}}{\text{Gesamtmasse}} \cdot 100\,\% \qquad (8.1)$$

Gliederungszahlen sind immer kleiner 1 bzw. 100 %. Sie geben – ebenso wie relative Häufigkeiten – einen Anteil bzw. eine Quote an und liefern Informationen über die innere Struktur einer statistischen Masse bzw. Grundgesamtheit. Die Eigenschaft einer Quote spiegelt sich häufig schon im Namen der Gliederungszahl wieder, z. B. Arbeitslosenquote, Durchfallquote, Trefferquote …

Wollen Sie den mittleren Wert mehrerer Gliederungszahlen bestimmen, so verwenden Sie das harmonische Mittel als Lagemaß. Alternativ können Sie auf die ursprünglichen absoluten Zahlen zurückrechnen und über das arithmetische Mittel daraus die Beziehungszahl bilden.

Beispiel Gliederungszahlen

Betrachten Sie die Kapitaldaten (in Mio. Euro) der zwei Firmen Müller GmbH und Meier GmbH und deren Eigenkapitalquoten als Gliederungszahlen, hier im Beispiel 40 % und 25 %:

Unternehmen	j	Eigenkapital f_j	Gesamtkapital	Eigenkapitalquote x_j
Müller GmbH	1	40	100	40,00 %
Meier GmbH	2	60	240	25,00 %
	Gesamt	100	340	29,41 %

Häufig liegen Ihnen nur die Quoten vor. Um den Mittelwert ausrechnen zu können – z. B. bei einem Zusammenschluss der Firmen – benötigen Sie zusätzlich die Häufigkeiten f_j. Bei Fusion der beiden Firmen zeigt die Zeile „gesamt" ein Gesamtkapital von 340 Mio. Euro bei 100 Mio. Euro Eigenkapital. Das entspräche einer Eigenkapitalquote von 29,41 %. Das ist allerdings nicht das arithmetische Mittel der Einzelquoten von 40 % und 25 %, sondern das gewichtete arithmetische Mittel:

$$\bar{x} = \frac{1}{n}\sum_{j=1}^{m} x_j\, f_j = \frac{1}{\sum_{j=1}^{m} f_j} \sum_{j=1}^{m} x_j\, f_j$$

$$= \frac{1}{340}(0{,}40 \cdot 100 + 0{,}25 \cdot 240) = 0{,}2941 = 29{,}41\,\%$$

---

[1] Z. B. Anteil der Lohnkosten an den Gesamtkosten in %.

Alternativ lässt sich die Eigenkapitalquote mit dem harmonischen Mittel berechnen, indem man mit der Eigenkapitalmenge als f_j gewichtet, d. h. mit dem Zähler der Quote multipliziert:

Unternehmen	j	Eigenkapitalquote x_j	Eigenkapital f_j	$\frac{f_j}{x_j}$
Müller GmbH	1	40,00 %	40	100
Meier GmbH	2	25,00 %	60	240
	Summe	65,00 %	100	340
	Mittelwert	32,50 %	50	70

Das harmonische Mittel ist dann

$$x_{\text{harm}} = \frac{f_1 + f_2 + \ldots f_m}{\frac{f_1}{x_1} + \frac{f_2}{x_2} + \ldots + \frac{f_m}{x_m}} = \frac{40 + 60}{\frac{40}{0,40} + \frac{60}{0,25}} = 0,2941 = 29,41 \%$$

Sie erhalten mit dem harmonischen Mittel das gleiche Ergebnis wie mit dem gewichteten arithmetischen Mittel.

8.3 Beziehungszahlen

Während Gliederungszahlen durch den Quotienten aus der gleichen statistischen Masse gebildet werden, sind Beziehungszahlen Verhältniszahlen, die durch Gegenüberstellung zweier verschiedenartiger statistischer Massen gebildet werden. Sie setzen unterschiedliche Merkmale x_i und y_i des gleichen Merkmalsträgers ins Verhältnis. Das ist genau dann sinnvoll, wenn zwischen den beiden Massen ein inhaltlicher Zusammenhang[2], d. h. eine Beziehung, besteht. Beziehungszahlen tragen häufig die Endung „-dichte" im Namen. Im Gegensatz zur Gliederungszahl ist der Zähler nicht Teil des Nenners. Sie können Beziehungszahlen insbesondere zur Kosten- und Wirtschaftlichkeitsanalyse verwenden.

Alltagsbeispiele für Beziehungszahlen:

$$\text{Verschuldungsgrad} = \frac{\text{Fremdkapital}}{\text{Eigenkapital}} \cdot 100 \%$$

$$\text{Eigenkapitalrendite} = \frac{\text{Gewinn}}{\text{Eigenkapital}} \cdot 100 \%$$

$$\text{Einwohnerdichte} = \frac{\text{Zahl der Einwohner}}{\text{Fläche in km}^2} \tag{8.2}$$

Beispiel Beziehungszahlen

Stellen Sie sich zwei Länder A und B mit den Flächen $200 \, \text{km}^2$ und $100 \, \text{km}^2$ wie in Abb. 8.2 vor.

---

[2] Z. B. Arbeitssuchende dividiert durch die Zahl der offenen Stellen oder Bevölkerungsumfang dividiert durch die Fläche eines Landes.

Abb. 8.2 Zwei Länder mit
verschiedenen Flächen

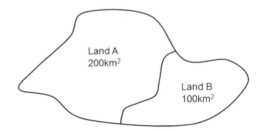

Die Anzahl der Einwohner in beiden Ländern sei jeweils 20.000. Dann sind die
Einwohnerdichten:

Land	j	Einwohnerzahl	Fläche f_j in km²	Einwohnerdichte x_j in Anzahl/km²
A	1	20.000	200	100
B	2	20.000	100	200
	Summe	40.000	300	
	Mittel			133

Das Mittel der beiden Einwohnerdichten ist nicht das arithmetische sondern das harmonische Mittel mit den Flächen als Gewichten. Sie können die mittlere Dichte ohne
Zusatzinformationen nur ausrechnen, wenn Sie Länder mit gleichen Flächen betrachten.

8.4 Messzahlen und Zeitreihen

Wie oben beschrieben setzen Gliederungszahlen Teilmengen und Gesamtheiten in Beziehung, Beziehungszahlen vergleichen Ausprägungen verschiedener Merkmale. Die in
diesem Abschnitt vorgestellte Messzahl bildet einen Quotienten aus zwei sachlich gleichen, jedoch zeitlich verschiedenen Größen. Messzahlen werden oft in Prozent angegeben
oder einfach mit einem Faktor 100 versehen:

$$\text{Messzahl} = \frac{\text{Wert zur Berichtszeit}}{\text{Wert zur Basiszeit}} \cdot 100\,\% \qquad (8.3)$$

Messzahlen dienen ausschließlich zu Vergleichszwecken insbesondere bei der zeitlichen
Entwicklung von Preisen, Mengen, Umsätzen etc.

Meist wird als Berichtszeit ein Jahr genommen. Die Differenz zweier Messzahlen wird
in Prozentpunkten angegeben:

$$\text{Preisänderung zum Vorjahr in Prozentpunkten}$$
$$= \text{Preismesszahl}_{\text{Jahr}}\,\% - \text{Preismesszahl}_{\text{Vorjahr}}\,\% \qquad (8.4)$$

Im Wirtschaftsteil der Zeitung wird oft lediglich die Änderung einer Messzahl in Prozentpunkten angegeben. Um auf einen Wachstumsfaktor zu kommen, können Sie wie folgt

aus den Messzahlen zurückrechnen:

$$\text{Wachstumsfaktor} = \frac{\text{Messzahl}_{\text{Jahr}} - \text{Messzahl}_{\text{Vorjahr}}}{\text{Messzahl}_{\text{Vorjahr}}} \cdot 100\,\% \qquad (8.5)$$

Wachstumsfaktoren werden oft in % angegeben. Um aus mehreren, zeitlich aufeinanderfolgenden Wachstumsfaktoren das mittlere Wachstum zu bestimmen, müssen Sie das geometrische Mittel $\bar{x}_{\text{geom}}$ verwenden.

Beispiel Messzahlen

Für die Jahre 1980 bis 1988 sind in einer Tabelle der jährliche private Verbrauch PV und der Staatsverbrauch SV gegenübergestellt. In den Spalten 3 und 4 sind die Messzahlen für den privaten Verbrauch PV_{M} und den Staatsverbrauch SV_{M} in % berechnet, ausgehend von 100 %. Die Differenzen zwischen zwei Folgejahren sind in den Spalten 5 und 6 in Prozentpunkten angegeben. Die jährlichen Wachstumsfaktoren PV_{W} und SV_{W}, angegeben in %, finden Sie in den Spalten 7 und 8.

	1	2	3	4	5	6	7	8
Jahr	PV	SV	PV_{M}	SV_{M}	PV_{PrP}	SV_{PrP}	PV_{W}	SV_{W}
1980	840,78	297,79	100,00	100,00				
1981	887,85	318,16	105,60	106,84	5,60	6,84	105,60	106,84
1982	918,05	326,19	109,19	109,54	3,59	2,70	103,40	102,52
1983	964,16	336,21	114,67	112,90	5,48	3,36	105,02	103,07
1984	1003,57	350,23	119,36	117,61	4,69	4,71	104,09	104,17
1985	1038,34	365,66	123,50	122,79	4,14	5,18	103,46	104,41
1986	1068,61	382,72	127,10	128,52	3,60	5,73	102,92	104,67
1987	1112,68	396,97	132,34	133,31	5,24	4,79	104,12	103,72
1988	1156,81	411,46	137,59	138,17	5,25	4,87	103,97	103,65
arithmetisches Mittel					4,70	4,77		
geometrisches Mittel							104,07	104,12
durchschnittliches Gesamtwachstum	104,07	104,12						

Das mittlere Wachstum finden Sie in der vorletzten Zeile (Spalte 7 und 8) als geometrisches Mittel der einzelnen Wachstumsfaktoren. Das Gesamtwachstum in der letzten Zeile (Spalte 1 und 2) wurde mit $\bar{x}_{\text{geom}} = \sqrt[n]{\frac{\text{Wert in 1988}}{\text{Wert in 1980}}}$ berechnet. Erwartungsgemäß ergibt das die gleichen Werte wie das geometrische Mittel der Wachstumsfaktoren. Die mittlere Differenz zwischen zwei Folgejahren ist das arithmetische Mittel der Prozentpunkte in den Spalten 5 und 6.

Der Wert der Messzahlen ergibt sich aus dem schnellen Überblick, den Sie ohne Messzahlen so nicht gleich gewonnen hätten: Der Staatsverbrauch (SV) von 1980 bis 1988 stieg nur geringfügig mehr an (um 38,17 %, vergleiche SV_M), als der Private Verbrauch (PV, um 37,59 %, vergleiche PV_M). Beim Vergleich der Ursprungsdaten 411,46 (SV) bzw. 1156,81 (PV) für 1988 und 297,79 (SV) bzw. 840,78 (PV) für 1980 wäre das auf einen Blick kaum ersichtlich gewesen. Es gibt Perioden, in denen der Staatsverbrauch langsamer ansteigt als der Privatverbrauch, auch wenn über die gesamte Zeitspanne von 1980 bis 1988 der Staatsverbrauch stärker angestiegen ist. Aus einem erst einmal moderat wirkendem jährlichen Wachstum des Verbrauchs um 4,7 % ergibt sich nach acht Jahren ein Gesamtwachstum auf etwa 138 % (Messzahlen in der Zeile für 1988).

Messzahlen beschreiben die relative Veränderung eines Merkmals. Möchten Sie nun aus vielen Merkmalen eine Kennzahl ermitteln, so fassen Sie mehrere Messzahlen zu einem Index zusammen.

8.5 Indizes im Überblick

Indexzahlen bzw. Indizes sind die Zusammenfassung mehrerer Messzahlen. Sie beschreiben die durchschnittliche relative Veränderung mehrerer Messzahlen durch eine einzige Zahl. Die Messzahlen werden mit Gewichten versehen und zusammengefasst. Lebenshaltungskosten werden z. B. als Zusammenfassung von Messzahlen für einen sogenannten Warenkorb berechnet. Indexzahlen dienen der Beschreibung zeitlicher Entwicklungen und helfen, um beispielsweise regionale oder sachliche Unterschiede zu analysieren. Je nachdem auf welche Größe zu welchem Zeitpunkt sich die Messzahlen beziehen, haben die Indizes unterschiedliche Aussagekraft. Da Preise und Umsätze wichtige Bereiche sind, für die Indizes gebildet werden, werden zunächst Preis-, Mengen- und Umsatzindizes beleuchtet. Die Veränderung der Messzahlen-Zusammensetzung im Zeitverlauf kann eine sogenannte Umbasierung erforderlich machen.

Für Preisindizes haben sich Berechnungsmethoden nach Laspeyres und nach Paasche durchgesetzt.

8.6 Preisindex

Ein Preisindex beschreibt, um wie viel Prozent sich die Preise mehrerer Güter im Berichtsjahr gegenüber dem Basisjahr verändert haben. Hierfür ist eine Auswahlentscheidung zu treffen, welche Güter in den Index aufgenommen werden sollen. Weiterhin ist zu entscheiden, wie man mit der Änderung der Bedeutung eine Gutes für den Index und damit mit der Gewichtung umgehen möchte.

Den Preisindex $P_{0,i}$ für die Berichtszeit i und der Basiszeit 0 ermitteln Sie mit:

$$P_{0,i} = \frac{\sum_{j=1}^{n} \frac{p_i^j}{p_0^j}}{\sum_{j=1}^{n} w_j} \cdot 100\,\% \quad \text{mit}$$

p_i^j = Preis des Gutes j in der Berichtszeit i

p_0^j = Preis des Gutes j in der Berichtszeit 0

$w_j = p_0^j q_0^j$ = Gewicht des Gutes j

q_0^j = Gewicht des Gutes j in der Basiszeit 0 $\qquad$ (8.6)

Die Formel gibt den gewichteten Mittelwert der Preisverhältnisse an. Das j in der Formel ist hier kein Exponent, sondern die hochgestellte Bezeichnung für das Gut. Die Gewichtung führt dann z. B. zum sogenannten Wägungsschema des Warenkorbs in der Verbrauchspreisstatistik, die regelmäßig vom statistischen Bundesamt ermittelt wird.

Das Verfahren, wie die Gewichte w_j bestimmt werden, ist besonders wichtig. Laspeyres einerseits gewichtet mit den Mengen des Basisjahres, Paasche andererseits mit den Mengen des Berichtsjahres.

8.7 Preisindex nach Laspeyres

Der Preisindex nach Laspeyres ist der in der Praxis meist eingesetzte Preisindex. Er gewichtet die Preise in den verschiedenen Berichtszeiten mit dem Warenkorb des Basisjahres:

$$P_{\text{Laspeyres},0,i} = \frac{\sum_{j=1}^{n} p_i^j q_0^j}{\sum_{j=1}^{n} w_j} \cdot 100\,\% = \frac{\sum_{j=1}^{n} p_i^j q_0^j}{\sum_{j=1}^{n} p_0^j q_0^j} \cdot 100\,\% \quad \text{mit}$$

$$w_j = p_0^j q_0^j = \text{Gewicht des Gutes } j \text{ bezogen auf das Basisjahr 0} \qquad (8.7)$$

Die Verwendung des Warenkorbs des Basisjahres hat den Vorteil, dass die Gewichte nicht jedes Jahr neu berechnet werden müssen. Dadurch sind Vergleiche von Indexzahlen aus unterschiedlichen Berichtsjahren möglich, ohne dass der Preisvergleich durch Mengenveränderungen verzerrt wird. Allerdings unterstellt der Preisindex nach Laspeyres eine Konstanz der Verbrauchsstruktur. Substitutionseffekte zwischen den Gütern werden nicht berücksichtigt, so dass bei großer Preiselastizität der Nachfrage[3] der Laspeyres-Index die Preisentwicklung überschätzt und eine zu starke Inflation vorhersagt.

---

[3] Heißt: Konsumenten wechseln von einem Gut sehr schnell zu einem billigeren, wenn ersteres zu teuer wird.

Wenn sich die Verbrauchsstruktur stark ändert, ist der Beginn einer neuen Indexreihe erforderlich. Für den Vergleich von aufeinanderfolgenden Indexreihen ist eine Umbasierung (siehe Abschn. 8.11) erforderlich.

8.8 Preisindex nach Paasche

Der Preisindex nach Paasche versucht aktuelle Verbrauchsgewohnheiten zu berücksichtigen und gewichtet die Preise mit dem Warenkorb des Berichtsjahres in den verschiedenen Berichtsjahren:

$$P_{\text{Paasche},0,i} = \frac{\sum_{j=1}^{n} p_i^j q_i^j}{\sum_{j=1}^{n} w_i^j} \cdot 100\,\% = \frac{\sum_{j=1}^{n} p_i^j q_i^j}{\sum_{j=1}^{n} p_0^j q_i^j} \cdot 100\,\% \quad \text{mit}$$

$$w_i^j = p_0^j q_i^j = \text{Gewicht des Gutes } j \text{ bezogen auf das Berichtsjahr } i \qquad (8.8)$$

Die Berechnung des Index nach Paasche funktioniert – bis auf den Ersatz der Verbrauchsmenge von q_0^j durch q_i^j – genauso wie die Berechnung nach Laspeyres.

Veränderungen der Verbrauchsgewohnheiten werden sofort erfasst, d. h. Substitutionseffekte von teuren zu preiswerten Gütern werden ad hoc berücksichtigt. Die ständige Erfassung des aktuellen Warenkorbs ist allerdings aufwendig.

Mit dem Index nach Paasche können durchgehende Indexzahlenreihen erstellt werden und eine Umbasierung ist nicht erforderlich. Ein Vergleich von Indexzahlen aus verschiedenen Berichtsjahren ist aufgrund der unterschiedlichen Gewichtung allerdings nicht sinnvoll.

8.9 Mengenindizes

Mengenindizes beschreiben die durchschnittliche relative Mengenentwicklung mehrerer Güter in der Berichtszeit gegenüber der Basiszeit. Beispiele für Mengenindizes sind der Index des tariflichen Wochenlohns oder der Einfuhr von Investitionsgütern. Mengenindizes werden analog zu den Preisindizes berechnet:

$$Q_{\text{Laspeyres},0,i} = \frac{\sum_{j=1}^{n} p_0^j q_i^j}{\sum_{j=1}^{n} p_0^j q_0^j} \cdot 100\,\%$$

nach Laspeyres mit den Preisen im Basisjahr

$$Q_{\text{Paasche},0,i} = \frac{\sum_{j=1}^{n} p_i^j q_i^j}{\sum_{j=1}^{n} p_i^j q_0^j} \cdot 100\,\%$$

nach Paasche mit den Preisen im Bezugsjahr   (8.9)

8.10 Umsatzindizes

Umsatzindizes beschreiben, wie sich die Umsätze zur Berichtszeit gegenüber einer Basiszeit verändert haben. Hier interessieren Veränderungen von Preis und Menge gleichzeitig. Ein Umsatzindex wird aus gewichteten Umsatz-Messzahlen berechnet:

$$U_{0;i} = \frac{\sum_{j=1}^{n} p_i^j q_i^j}{\sum_{j=1}^{n} p_0^j q_0^j} \cdot 100\% = \frac{\text{Summe aktuelle Umsätze}}{\text{Summe alte Umsätze}} \cdot 100\% \tag{8.10}$$

Beispiel Umsatzindex

Betrachten Sie das fiktive Beispiel der Konsumgewohnheiten von Studierenden über einen Zeitraum von drei Monaten:

	Januar			Februar			März		
	p_1	q_1	Ums. 1	p_2	q_2	Ums. 2	p_3	q_3	Ums. 3
Bücher	20	1	20	22	2	44	23	1	23
Brot	2	5	10	2,5	6	15	2,6	5	13
Bier	1	30	30	1,1	25	27,5	1,5	40	60
Summe	23	36	60	25,6	33	86,5	27,1	46	96
Messzahl	100,0	100,0	100,0	111,3	91,7	144,2	117,8	127,8	160,0
Differenz				11,3	−8,3	44,2	6,5	36,1	15,8
Wachstums-faktor				111,3	91,7	144,2	105,8	139,4	111

Die Messzahlen liegen im ersten Monat wieder bei 100. Die Differenz in z. B. Spalte p_2 ist die Differenz der Messzahlen der Spalten p_1 und p_2. Der Wachstumsfaktor berechnet sich analog zu (8.5). Die Umsätze ergeben sich durch Multiplikation der Preise mit den Mengen. Die Bezugsumsätze im Beispiel sind die des Monats März.

Auswertungsbeispiele:

Der Umsatz von Februar auf März ist um $160,0 - 144,2 = 15,8$ Prozentpunkte gestiegen. Das entspricht einem Wachstumsfaktor von $\frac{160,0-144,2}{144,2} \cdot 100\% = 10,95 \,\hat{=}\, 111\%$.

Die Preise sind von Februar auf März nur um $117,8 - 111,3 = 6,5$ Prozentpunkte gestiegen. Das höhere Umsatzwachstum im Folgemonat ist durch die deutlich gesteigerte Biermenge zu erklären, die zu einem Gesamtmengenzuwachs von 36,1 Prozentpunkten beiträgt.

8.11 Umbasierung

Die Umbasierung ist ein Trick, um eine alte Indexreihe an eine neue Indexreihe anschließen zu lassen. Das ist dann erforderlich, wenn alte und neue Indexreihe unterschiedliche Basisjahre haben:

$$\text{Index}_{\text{neue Basis},i} = \frac{\text{Index}_{\text{alte Basis},i}}{\text{Index}_{\text{alte Basis, neue Basis}}} \cdot 100\,\% \tag{8.11}$$

Beispiel Umbasierung

Als Beispiel dient die Preisentwicklung in Deutschland. Ab dem Jahr 2000 als Basisjahr für die neue Indexreihe wird die Preisentwicklung für Gesamtdeutschland festgehalten. Für die Preisentwicklung Westdeutschlands vor 2000 galt 1995 als Basisjahr. Nun möchte man eine durchgehende Indexreihe für Westdeutschland, um vergleichen zu können. Die Rechnung können Sie anhand der folgenden Tabelle nachvollziehen:

Jahr	1995	1996	1997	1998	1999	2000	2001	2002	2003	2004
Preisindex										
Westdeutschland (1995 = 100)	100	102	103	104	105	106	107	108,5	110	111
Deutschland (2000 = 100)	–	–	–	–	–	100	103	105	105	106
Veränderung zum Vorjahr in %										
Westdeutschland	–	2,00	0,98	0,97	0,96	0,95	0,9	1,4	1,38	0,91
Deutschland	–	–	–	–	–	–	3	1,94	0	0,95
Umbasierung										
Westdeutschland (2000 = 100)	94,3	96,2	97,2	98,1	99,1	100	100,9	102,4	103,8	104,7

Für die Umbasierung ist das Jahr 2000 entscheidend. Der Index für Westdeutschland beträgt 106, der für Gesamtdeutschland 100. Möchten Sie nun Westdeutschland mit Gesamtdeutschland vergleichen, müssen Sie alle Indexzahlen so umrechnen, dass der Index für das Jahr 2000 genau 100 entspricht. Das wird durch Multiplikation mit $\frac{\text{Index}_{1995,\,1995}}{\text{Index}_{1995,\,2000}} = \frac{100}{106} = 0{,}94 \triangleq 94{,}3\,\%$ erreicht. Es ergibt sich für Westdeutschland eine neue Indexreihe, die einen Vergleich mit Gesamtdeutschland zulässt.

Wahrscheinlichkeitstheorie

9

9.1 Überblick

Wahrscheinlichkeitstheorie beschäftigt sich mit dem möglichen Eintreten von zufälligen Ereignissen. Viele Ereignisse in der Wirtschaft oder der Natur sind nicht sicher vorhersehbar, sondern scheinen Zufallscharakter zu besitzen.[1] Grundkenntnisse der Wahrscheinlichkeitstheorie sind für Wirtschaftswissenschaftler, Soziologen, Psychologen und andere wichtig, um z. B. Stichprobenumfänge bei empirischen Untersuchungen bestimmen zu können.

Grundlagen der Wahrscheinlichkeitstheorie wurden im 16. und 17. Jahrhundert von Blaise Pascal und Pierre Fermat im Zusammenhang mit Glücksspielen entwickelt.

Wesentliche Begriffe sind:

- Zufallsvariable
- Verteilung
- Wahrscheinlichkeitsfunktion, Dichtefunktion, Verteilungsfunktion

Wahrscheinlichkeit hat oft etwas mit dem Auszählen von Möglichkeiten zu tun. Dies wird detailliert in Kap. 10 behandelt. Der zentrale Grenzwertsatz in Kap. 12 ist dann die Voraussetzung, um in der induktiven Statistik aus Stichproben Eigenschaften der Grundgesamtheit schätzen zu können. Die Wahrscheinlichkeitstheorie selber leitet sich aus den bisher eingeführten Konzepten der deskriptiven Statistik, insbesondere den Häufigkeitsverteilungen, ab. Zusätzlich wird zum Verständnis noch etwas Mengenlehre benötigt.

---

[1] Kursbewegungen von Aktien gehören, entgegen der Meinung einiger Ökonomen, nicht dazu. Fußballergebnisse auch nicht.

© Springer-Verlag GmbH Deutschland 2017
C. Brell, J. Brell, S. Kirsch, *Statistik von Null auf Hundert*, Springer-Lehrbuch,
DOI 10.1007/978-3-662-53632-2_9

9.2   Begriff der Wahrscheinlichkeit und Häufigkeit

Wahrscheinlichkeit
Die Eintrittswahrscheinlichkeit oder kurz Wahrscheinlichkeit eines Ereignisses ist eine
Zahl zwischen 0 und 1 bzw. 0 % und 100 %.

Einem unmöglichen Ereignis[2] wird $P = 0$ und einem sicheren Ereignis[3] $P = 1$
zugeordnet:

$$0 \leq P(A) \leq 1 \qquad (9.1)$$

Zufallsexperiment
Ein Zufallsexperiment ist ein Vorgang, den sie beliebig oft wiederholen können. Das Ergebnis eines Zufallsexperiments ist beobachtbar und hängt vom Zufall ab. Beispiele sind
das Werfen von Münzen oder Würfeln[4] oder die Entnahme von Stichproben aus der Produktion für die Qualitätskontrolle.

Ereignis
Ein Ereignis ist das Ergebnis eines Zufallsexperiments. Einem Ereignis A kann eine Wahr-
scheinlichkeit $P(A)$ zugeordnet werden. Alle möglichen Ereignisse, die Ergebnis des
Zufallsexperiments sein können, bilden die Ereignismenge Ω.

Laplace-Experiment
Ein Zufallsexperiment, dessen Ereignisse alle gleich wahrscheinlich sind, heißt Laplace-
Experiment. Das Würfeln mit einem ordentlich gefertigten Würfel ist ein Laplace-Expe-
riment. Alle sechs möglichen Ereignisse, die Zahlen 1 bis 6, sind gleich wahrscheinlich.
Das in Abb. 9.1 links gezeigte Glücksrad[5] stellt ein Laplace-Experiment dar. Es ist für
alle drei Segmente gleich wahrscheinlich, oben zu stehen. Anders ist es bei dem rechten
Glücksrad. Intuitiv werden Sie vermuten, dass die 3 eine höhere Wahrscheinlichkeit hat
als die 1 und die 2.

Abb. 9.1 Laplace-Experiment
(*links*) und kein Laplace-Experiment (*rechts*)

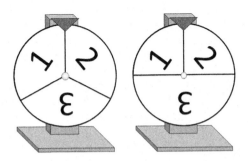

---

[2] Eine Münze zeigt nach dem Wurf sowohl Zahl als auch Kopf.
[3] Eine Münze zeigt nach dem Wurf Zahl oder Kopf.
[4] Eine Münze ist im Prinzip ein zweiseitiger Würfel.
[5] Das linke Glücksrad ist übrigens das Gleiche wie ein dreiseitiger Würfel.

Für ein Laplace-Experiment gilt die klassische Definition der Wahrscheinlichkeit $P(A)$ für ein Ereignis A:

$$P(A) = \frac{\text{Anzahl der günstigen Fälle für } A}{\text{Anzahl aller gleichmöglichen Fälle}} \qquad (9.2)$$

Beispiel Laplace-Experiment

Nehmen Sie das linke Glücksrad aus Abb. 9.1. Das Zufallsexperiment – Drehen des Glücksrads – kann drei unterschiedliche Ergebnisse 1, 2 oder 3 liefern, die Ereignismenge besteht aus drei Ereignissen $\Omega = \{1; 2; 3\}$. Die Anzahl der gleichmöglichen Fälle ist 3. Die Anzahl der günstigen Fälle, z. B. das Ereignis $A = 2$ zu erhalten, ist 1. Damit ist die Wahrscheinlichkeit $P(A) = P(2) = \frac{1}{3}$. Das rechte Glücksrad ist kein Laplace-Experiment, da das Ereignis $A = 3$ wahrscheinlicher ist als die beiden anderen Ereignisse.

9.3 Wahrscheinlichkeiten und Mengenlehre

Wahrscheinlichkeit von Vereinigungsmengen, Additionssatz

Mit der Betrachtung von unterschiedlichen Teilmengen der Ereignismenge Ω und Rechenregeln für die Wahrscheinlichkeiten können Sie sich die Ermittlung von Wahrscheinlichkeiten erleichtern. Betrachten Sie dazu zwei Teilmengen A und B der Ereignismenge Ω mit $A \subset \Omega$ und $B \subset \Omega$. Dann ist die Wahrscheinlichkeit der Vereinigungsmenge[6] von A und B:

$$P(A \cup B) = P(A) + P(B) - P(A \cap B) \quad \text{wenn } A \cap B \neq \emptyset$$
$$P(A \cup B) = P(A) + P(B) \qquad\qquad\qquad \text{wenn } A \cap B = \emptyset \qquad (9.3)$$

Im ersten Fall, wenn A und B gleiche Elemente enthalten, wird die Wahrscheinlichkeit für die Schnittmenge $P(A \cap B)$ abgezogen.

Wahrscheinlichkeit von Schnittmengen

Die Wahrscheinlichkeit der Schnittmenge[7] von A und B ist:

$$P(A \cap B) = P(A) \cdot P(B) \qquad (9.4)$$

Wahrscheinlichkeit der Komplementärmenge

Die Wahrscheinlichkeit der Komplementärmenge[8] $\bar{A}$ von A ist:

$$P(\bar{A}) = P(\Omega) - P(A) = 1 - P(A) \qquad (9.5)$$

---

[6] Menge aller Elemente, die in A oder B oder in beiden vorkommen.
[7] Die Elemente, die sowohl in A als auch in B vorkommen.
[8] Menge der Elemente von Ω, die nicht Element von A sind.

Oft ist es einfacher, die Wahrscheinlichkeit der Komplementärmenge $\bar{A}$ auszurechnen und dann auf die Wahrscheinlichkeit von A zu schließen.

Beispiel Wahrscheinlichkeit und Mengen

Stellen Sie sich ein Würfelspiel mit zwei sechsseitigen Würfeln[9] vor. Die Würfel sind rot und grün, damit Sie sie unterscheiden können. Der rote wird zuerst geworfen, dann der grüne. Das Ergebnis eines Wurfs mit beiden Würfeln wird mit *(Augenzahl roter Würfel; Augenzahl grüner Würfel)* bezeichnet. Es gibt 36 unterschiedliche mögliche Würfelergebnisse wie in der folgenden Tabelle. Die Ergebnisse des roten Würfels stehen in den Spaltenköpfen, die Ergebnisse des grünen Würfels in der ersten linken Spalte.

	1	2	3	4	5	6
1	(1;1)	(1;2)	(1;3)	(1;4)	(1;5)	(1;6)
2	(2;1)	(2;2)	(2;3)	(2;4)	(2;5)	(2;6)
3	(3;1)	(3;2)	(3;3)	(3;4)	(3;5)	(3;6)
4	(4;1)	(4;2)	(4;3)	(4;4)	(4;5)	(4;6)
5	(5;1)	(5;2)	(5;3)	(5;4)	(5;5)	(5;6)
6	(6;1)	(6;2)	(6;3)	(6;4)	(6;5)	(6;6)

Betrachten Sie die folgenden Fragen nach den Wahrscheinlichkeiten:

1. ... Summe 4 zu würfeln $P((1; 3), (2; 2), (3; 1))$.
2. ... nicht Summe 4 zu würfeln $P((1; 1), \ldots, (6; 6))$.
3. ... mindesten eine 6 zu würfeln $P((1; 6), \ldots, (6; 6) \ldots, (6; 1))$.

Jede Kombination ist gleich wahrscheinlich, es handelt sich um ein Laplace-Experiment. Es gibt 36 Würfelkombinationen. Die Wahrscheinlichkeit einer Würfelkombination ist $P(x, y) = \frac{1}{36}$.

Zu 1: Die Wahrscheinlichkeit des Ereignisses A, Summe 4 als Ergebnis zu erhalten, ergibt sich aus dem Additionssatz zu $P(A) = P(\{(1; 3), (2; 2), (3; 1)\}) = P((1; 3)) + P((2; 2)) + P((3; 1)) = \frac{1}{36} + \frac{1}{36} + \frac{1}{36} = \frac{1}{12}$.

Zu 2: Sie könnten genauso rechnen wie in 1. Es ist aber einfacher, mit der Komplementärmenge zu rechnen.
Die Komplementärmenge von $A = \{(1; 3), (2; 2), (3; 1)\} \not\subseteq \Omega$ ist $P(\bar{A}) = P(\{(1; 3), (2; 2), (3; 1)\})$. Damit liegt der Fall 1 vor. $P(\bar{A}) = \frac{1}{12}$. Damit ist $P(A) = 1 - P(\bar{A}) = 1 - \frac{1}{12} = \frac{11}{12}$.

Zu 3: Sie können mit dem Additionssatz rechnen. Alle Würfe in der letzten Zeile und in der letzten Spalte beinhalten eine 6. Nähmen Sie die Vereinigungsmenge, so

---

[9] Das sind Standardwürfel, auch D6 genannt. Es gibt auch andere „Zufallsmaschinen", die landläufig Würfel genannt werden, zum Beispiel mit vier Seiten: Würfel D4.

würden Sie die Schnittmenge der letzten Zeile und der letzten Spalte, nämlich $\{(6; 6)\}$ doppelt zählen. Also ist

P(Menge aller Würfe mit mindestens einer 6)

$\quad = P$(Menge mit erstem Wurf 6) $\cup$ P(Menge mit zweitem Wurf 6)

$\qquad - P$(Menge mit erstem Wurf 6) $\cap$ P(Menge mit zweitem Wurf 6)

$$= \frac{6}{36} + \frac{6}{36} - \frac{1}{36} = \frac{11}{36}.$$

Wahrscheinlichkeit und Häufigkeit

Die Wahrscheinlichkeit aller Ereignisse einer Ereignismenge Ω entspricht der relativen Häufigkeit für die Betrachtung einer fast unendlichen Anzahl n Durchführungen eines Zufallsexperiments. Je größer n, desto mehr nähern sich die relativen Häufigkeiten für ein Ereignis der theoretischen Wahrscheinlichkeit an. Im Beispiel „Wahrscheinlichkeit und Mengen" haben Sie die Wahrscheinlichkeit von Würfelwürfen kennengelernt. Jede Würfelkombination hat die theoretische Wahrscheinlichkeit von $P = \frac{1}{36}$. Wenn Sie $n = 100.000$ Mal zwei Würfel werfen, wird vermutlich jede Kombination fast 2778 Mal vorkommen, das entspricht einer relativen Häufigkeit von $h_i = \frac{2778}{10.000} \sim \frac{1}{36}$.

9.4 Zufallsvariablen

In der deskriptiven Statistik haben Sie die Merkmale als Eigenschaften der Merkmalsträger kennengelernt. Merkmale haben bei einem konkreten Merkmalsträger i eine Merkmalsausprägung x_i, die gemessen oder gezählt werden kann. In der Wahrscheinlichkeitstheorie spricht man nicht mehr von Merkmalen X, sondern von Zufallsvariablen oder kurz Variablen X.[10] Die Entsprechung der relativen Häufigkeit h_i bei Merkmalen ist die Wahrscheinlichkeit $P(X)$ bei Variablen. Eine Variable können Sie sich als Platzhalter vorstellen, eine Art Schublade, in die Sie Werte hineinlegen. Dass nun ein bestimmter Wert für eine Variable eintritt, ist mit einer Eintrittswahrscheinlichkeit oder kurz Wahrscheinlichkeit, wie schon kennengelernt, verbunden. Der konkrete Wert einer Variablen heißt Realisation, das entspricht der Merkmalsausprägung in der deskriptiven Statistik.

Diskrete Variable

Eine Variable heißt diskret, wenn es nur endlich viele Realisationen gibt, die Sie zählen können. Beispiele sind:

- Anzahl Menschen in einem Raum.
- Anzahl defekter Bauteile in einer Produktionscharge.
- Anzahl von Sandkörnern in einem Baueimer.

---

[10] Andere Begriffe, die verwendet werden sind Zufallsgröße oder stochastische Größe.

Stetige Variable

Eine Variable heißt stetig, wenn zwischen zwei Realisationen unendlich viele weitere Realisationen möglich sind, die Sie nicht mehr zählen können. Beispiele sind:

- Körpergröße eines Menschen.
- Betriebsdauer eines Bauteils.
- Temperatur des Sandes in einem Baueimer.

Variable und Merkmal im Vergleich

So wie es für Merkmale Eigenschaften gibt, gibt es entsprechende Eigenschaften für Variablen, die in der folgenden Tabelle gegenübergestellt sind:

Zufallsvariable X	Merkmal X
Realisation x	Merkmalsausprägung x_i
Wahrscheinlichkeit $P(x)$	relative Häufigkeit h_i
Wahrscheinlichkeitsfunktion bei diskreten Zufallsvariablen, Dichtefunktion bei stetigen Zufallsvariablen	relative Häufigkeitsverteilung
Verteilungsfunktion	kumulierte relative Häufigkeitsverteilung
Erwartungswert $E(X)$	Mittelwert $\bar{x}$
Varianz	Varianz

Beispiel Zufallsvariable

Ein einfaches Beispiel ist der Münzwurf mit drei Münzen. Die Zufallsvariable X sei die Anzahl der Münzen, die Zahl zeigen. Dann gibt es vier unterschiedliche Realisationen $x_1 \ldots x_4$:

$$x_1 = 0 \text{ mal Zahl}, \quad x_2 = 1 \text{ mal Zahl}, \quad x_3 = 2 \text{ mal Zahl}, \quad x_4 = 3 \text{ mal Zahl}.$$

Die Wahrscheinlichkeiten sind $P(x_1) = \frac{1}{8}$, $P(x_2) = \frac{3}{8}$, $P(x_3) = \frac{3}{8}$, $P(x_4) = \frac{1}{8}$.

Das können Sie durch hinschreiben und auszählen aller Fälle bestimmen:

M_1	M_2	M_3	X
0	0	0	0
0	0	1	1
0	1	0	1
0	1	1	2
1	0	0	1
1	0	1	2
1	1	0	2
1	1	1	3

Eine weitere Möglichkeit, die Anzahlen zu bestimmen, wären die Binomialkoeffizienten aus Abschn. 10.2.

```
EXCEL-Tipp: Zufallszahlen zwischen 0 und 1 erzeugen Sie mit
=ZUFALLSZAHL().
```

9.5 Wahrscheinlichkeitsfunktion und Dichtefunktion

Wahrscheinlichkeitsfunktion

Analog zur Häufigkeitsverteilung bei Merkmalen können Sie bei diskreten Zufallsvariablen die Wahrscheinlichkeiten betrachten. Jeder Realisation einer Variablen x_i wird durch die Wahrscheinlichkeitsfunktion f eine Wahrscheinlichkeit $P(x_i)$ zugeordnet, also $P(x_i) = f(x_i)$. Wenn es insgesamt n unterschiedliche Realisationen gibt, gilt:

$$\sum_{i=1}^{n} P(X = x_i) = \sum_{i=1}^{n} f(x_i) = 1 \tag{9.6}$$

Nach dem Additionssatz heißt das, dass die Summe aller Einzelwahrscheinlichkeiten einer Ereignismenge 1 ist.

Beispiel Wahrscheinlichkeitsfunktion

Es dient wieder der Münzwurf mit drei Münzen als Beispiel. Die Zufallsvariable X sei die Anzahl der Münzen, die Zahl zeigen. Die Wahrscheinlichkeiten sind $P(x_1) = \frac{1}{8}$, $P(x_2) = \frac{3}{8}$, $P(x_3) = \frac{3}{8}$, $P(x_4) = \frac{1}{8}$. Die Wahrscheinlichkeitsfunktion ist in Abb. 9.2 dargestellt.

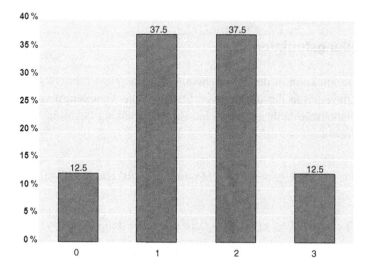

Abb. 9.2 Wahrscheinlichkeitsfunktion am Beispiel der Summe „Zahl" beim Wurf von drei Münzen

Dichtefunktion

Für eine stetige Variable ist die Anzahl der möglichen Realisationen unendlich. Nach der klassischen Definition der Wahrscheinlichkeit ist die Wahrscheinlichkeit für eine konkrete Realisation $P(x) = \frac{1}{\infty} = 0$. Damit lässt sich keine Wahrscheinlichkeitsfunktion mehr zeichnen. Als Ausweg können Sie nun Intervalle von möglichen Realisationen und eine sogenannte Dichtefunktion betrachten. Die Wahrscheinlichkeit ist nicht mehr die Höhe einer Säule, sondern die Fläche unter der Dichtefunktion für das Intervall. Damit so gerechnet werden kann, muss die Fläche unter der gesamten Dichtefunktion gleich 1 sein, so wie die Summe der Wahrscheinlichkeiten aller Realisationen einer diskreten Variable auch 1 ist. Die Fläche unter der Dichtefunktion berechnet man formal durch Integration:

$$\int_{-\infty}^{\infty} f(x)\,dx = 1 \tag{9.7}$$

Die Wahrscheinlichkeit, dass eine Zufallsvariable X einen Wert annimmt, der im Intervall $[a, b]$ liegt, entspricht der Fläche unter der Dichtefunktion in den Grenzen a und b:

$$P(a \leq X \leq b) = \int_{a}^{b} f(x)\,dx \tag{9.8}$$

Es ist i. d. R. nicht erforderlich, dass Sie die Integrale ausrechnen. Für fast alle wichtigen Fälle liegen die benötigten Werte in Tabellenform vor. Um die Vorstellung einer Dichtefunktion zu erleichtern, wird nach der Einführung der Verteilungsfunktion ein Beispiel für den Übergang von der Wahrscheinlichkeitsfunktion zur Dichtefunktion untersucht.

9.6 Verteilungsfunktion

Eine Verteilungsfunktion in der Wahrscheinlichkeitstheorie entspricht den kumulierten relativen Häufigkeiten in der deskriptiven Statistik. Die Verteilungsfunktion $F(x)$ gibt die Wahrscheinlichkeit dafür an, dass eine Zufallsverteilung höchstens eine bestimmte Realisation erreicht:

$$F(x_k) = P(X \leq x_i) = \sum_{i=1}^{k} f(x_i) \text{ für eine diskrete Zufallsvariable}$$

$$F(x) = P(X \leq x) = \int_{-\infty}^{x} f(x)\,dx \text{ für eine stetige Zufallsvariable} \tag{9.9}$$

Die Verteilungsfunktion einer diskreten Variable ist eine Treppenfunktion. Die Treppenstufen zwischen zwei Realisationen x_{i-1} und x_i haben jeweils den Wert $f(x_i)$. Abb. 9.3

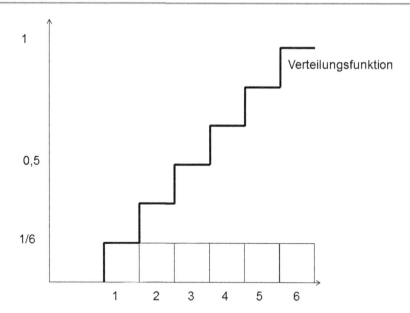

Abb. 9.3 Wahrscheinlichkeitsfunktion und Verteilungsfunktion für einen Würfelwurf, diskrete Zufallsvariable

zeigt die Wahrscheinlichkeitsfunktion und die Verteilungsfunktion anhand eines Würfels. Mit der Verteilungsfunktion lässt sich die Wahrscheinlichkeit für einen Würfelwurf kleiner gleich ... direkt auf der y-Achse ablesen.

Die Verteilungsfunktion einer stetigen Variable ist die Stammfunktion der Dichtefunktion. Die Dichtefunktion ist Ableitung der Verteilungsfunktion. Abb. 9.4 zeigt die Dichtefunktion und die Verteilungsfunktion für eine gleichverteilte Zufallsvariable. Mit der Verteilungsfunktion lässt sich die Wahrscheinlichkeit für eine Realisation kleiner gleich ... direkt auf der y-Achse ablesen. Beachten Sie hier, dass es zwei y-Achsen gibt. Bei einer diskreten Variable können Sie die Wahrscheinlichkeit für ein einzelnes Ereignis direkt auf der y-Achse ablesen. Bei einer stetigen Variable ist die Fläche unter der Dichtefunktion die Wahrscheinlichkeit, nicht die Höhe der Dichtefunktion.

Von der Wahrscheinlichkeitsfunktion zur Dichtefunktion
Der Schritt von der Wahrscheinlichkeitsfunktion für diskrete Variablen zur Dichtefunktion für stetige Variablen und die Auswirkungen auf die Verteilungsfunktion soll an einem Beispiel der Schwankungen von Durchlaufzeiten in der Produktion erklärt werden.

Ein Verarbeitungsschritt mit einer Durchlaufdauer zwischen D_{min} und D_{max} in einer Firma wird untersucht und die Durchlaufdauer gemessen. Von den Messungen soll dann grundsätzlich auf die theoretische Durchlaufdauer geschlossen werden.[11] Zunächst

---

[11] Das ist das generelle Vorgehen in der induktiven Statistik, wie weiter hinten erklärt.

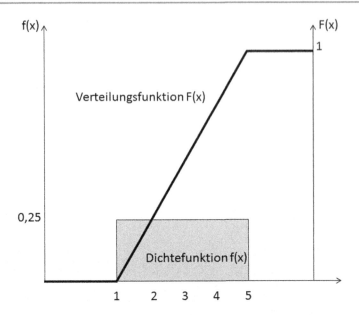

Abb. 9.4 Dichtefunktion und Verteilungsfunktion für eine Gleichverteilung, stetige Zufallsvariable

wird die Durchlaufzeit stundengenau gemessen. Dadurch gelangt man zu einer einfach auszuzählenden Häufigkeitsverteilung wie die linke obere Grafik in Abb. 9.5. Das Häufigkeitspolygon für die kumulierten Häufigkeiten ist ebenfalls eingezeichnet.

Misst man die Durchlaufzeit viertelstundengenau wie die rechte obere Grafik in Abb. 9.5, so zeigt die Häufigkeitsverteilung viermal mehr Säulen. Die Säulen sind allerdings auch nur ein Viertel so hoch. Auf die Verteilungsfunktion hat das nur wenig Einfluss, sie ist lediglich weniger eckig.

Misst man die Durchlaufzeit minutengenau wie in der linken unteren Grafik in Abb. 9.5, kann man bei gleicher Skalierung der y-Achse die unterschiedlichen Säulenhöhen nicht mehr erkennen, weil sie so klein sind. Die untere rechte Grafik zeigt die gleiche minutengenaue Häufigkeitsverteilung. Allerdings ist die rechte y-Achse für die Wahrscheinlichkeitsfunktion um einen Faktor 100 gestreckt. Würde man sekundengenau messen, so müsste die Achse noch einmal gestreckt werden. Bei beliebiger Genauigkeit, also dem Übergang von einer diskreten zu einer stetigen Variablen, müsste man die Achse um einen Faktor ∞ Strecken. Das ist nicht möglich, also behilft man sich mit dem Konstrukt der Dichte. Unbeeindruckt von dem Grenzübergang von diskret zu stetig zeigt sich die Verteilungsfunktion, die sich definitionsgemäß immer ansteigend zwischen 0 und 1 bzw. 0 und 100 % bewegt. Das ist mit ein Grund, warum bei stetigen Zufallsvariablen die Wahrscheinlichkeiten über die Verteilungsfunktion ermittelt werden.

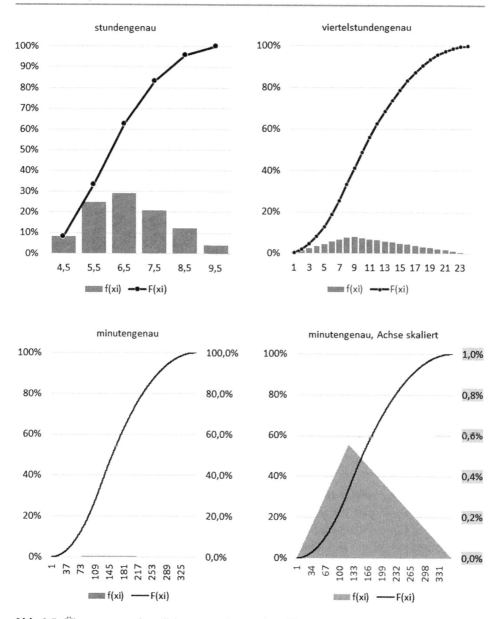

Abb. 9.5 Übergang von einer diskreten zu einer stetigen Verteilung

9.7   Erwartungs- und Streuungsparameter

Erwartungswert

Bei einer sehr häufigen Durchführung eines Zufallsexperiments können Sie erwarten, dass sich ein mittlerer Wert herauskristallisiert. Dieser Wert heißt Erwartungswert $E(X)$ und wird als mit den Wahrscheinlichkeiten $f(x_i)$ gewichtetes Mittel aller möglichen Realisationen x_i berechnet:

$$E(X) = \sum_{i=1}^{n} x_i f(x_i) \qquad \text{(diskrete Variable)}$$

$$E(X) = \int_{-\infty}^{\infty} x f(x) dx \qquad \text{(stetige Variable)} \qquad (9.10)$$

(9.10) entspricht dem gewichteten Mittel in der deskriptiven Statistik.

Varianz

Analog zur Varianz in der deskriptiven Statistik wird die Streuung der Realisationen x_i um ihren Erwartungswert $E(X)$ ebenfalls als Varianz bezeichnet und auch vergleichbar berechnet:

$$\text{Var}(X) = \sigma^2 = \sum_{i=1}^{n} [x_i - E(X)]^2 f(x_i) \qquad \text{(diskrete Variable)}$$

$$\text{Var}(X) = \sigma^2 = \int_{-\infty}^{\infty} (x - E(X))^2 dx \qquad \text{(stetige Variable)} \qquad (9.11)$$

Bedeutung der Parameter und theoretische Verteilung

Mit Erwartungswert und Varianz bzw. der daraus berechneten Standardabweichung wissen Sie schon Einiges über die Struktur einer Zufallsvariablen. Allerdings benötigen Sie noch Kenntnisse über die Verteilung der Variablen.

Wenn ein Zufallsexperiment wiederholt durchgeführt wird, dann bildet die Aufstellung aller beobachteten Realisationen mit ihren jeweiligen Häufigkeiten die empirische Verteilung der Zufallsvariablen. In der deskriptiven Statistik hieß das Häufigkeitsverteilung. Wenn die Wiederholung des Zufallsexperiments rein gedanklich durchgeführt wird und die möglichen Realisationen mit ihren theoretisch zu erwartenden Häufigkeiten bzw. ihren Wahrscheinlichkeiten aufgestellt werden, dann erhalten Sie eine theoretische Verteilung.

Die Verteilung kann bei einer diskreten Variablen alternativ als Wahrscheinlichkeitsfunktion $f(x_i)$ mit einfachen Wahrscheinlichkeiten oder als Verteilungsfunktion $F(x_i)$ mit kumulierten Wahrscheinlichkeiten angegeben werden, bei einer stetigen Variablen ebenfalls alternativ als Dichtefunktion $f(x)$ oder als Verteilungsfunktion $F(x)$ mit integrierten Wahrscheinlichkeiten.

Jede Zufallsvariable hat eine Verteilung. Meist entspricht eine Verteilung einem Verteilungsgrundtyp. Es gibt nur wenige Grundtypen von theoretischen Verteilungen. Die wichtigen (z. B. die Standardnormalverteilung) liegen als Tabellen vor. Kennen Sie die Grundtypen, können Sie leicht vorhersagen, welche Realisation mit größter Wahrscheinlichkeit eintreten wird. Zur Charakterisierung haben alle Verteilungen zwei wichtige Parameter, den Erwartungswert und die Varianz, durch die sie beschrieben sind. So wie es diskrete und stetige Zufallsvariablen gibt, gibt es diskrete und stetige theoretische Verteilungen wie in Kap. 11 und 12.

Kombinatorik

10

10.1 Überblick

Kombinatorik ist die Wissenschaft des Zählens. Immer wenn Sie auf eine Fragestellung in der Form „wie viele Möglichkeiten gibt es, yxz in verschiedenen Reihenfolgen anzuordnen" oder „wie viele Möglichkeiten gibt es, yxz aus einer Menge von XYZ auszuwählen" stoßen, wird Ihnen die Kombinatorik weiterhelfen. Kombinatorik ist ein eigenständiger Bereich der Mathematik, gehört hier aber genau zwischen die Grundlagen der Wahrscheinlichkeitstheorie und die diskreten Verteilungen, da die klassische Definition der Wahrscheinlichkeit nach (9.2) Anzahlen verlangt, die erst mit Kombinatorik ermittelt werden können. Weiterhin ist die Kombinatorik die Grundlage, um diskrete Verteilungen wie in Kap. 11 verstehen zu können.

Kombinatorik umfasst die Ermittlung der Anzahl möglicher Anordnungen von Objekten mit oder ohne Beachtung der Reihenfolge. Kombinatorik als Werkzeug für die Wahrscheinlichkeitstheorie lässt sich in einem Satz von fünf Regeln zusammenfassen, die in Variations- und Kombinationsregeln unterteilt sind. Kennt man diese Regeln, so besteht die Kunst, eine Problemstellung zu lösen, nur noch darin, die passende Regel herauszufinden und anzuwenden.

In allen Fällen betrachten Sie Zufallsexperimente mit einer Anzahl n von möglichen Fällen und Anzahlen $k_1, k_2, \ldots k_n$ von Fällen, die aus der jeweiligen Fragestellung resultieren.

10.2 Variationsregeln

Variationsregel 1 (Spezialfall der Variationsregel 2)
Sie haben die Möglichkeit, n Versuche mit k Ereignissen durchzuführen. Dann gibt es insgesamt k^n Ereignisabfolgen.

© Springer-Verlag GmbH Deutschland 2017
C. Brell, J. Brell, S. Kirsch, *Statistik von Null auf Hundert*, Springer-Lehrbuch,
DOI 10.1007/978-3-662-53632-2_10

Beispiel Variationsregel 1

Sie haben $n = 5$ Münzen. Sie werfen die Münzen nacheinander. Jede Münze hat $k = 2$ mögliche Wurfergebnisse, Kopf oder Zahl. Dann gibt es $32 = 2 \cdot 2 \cdot 2 \cdot 2 \cdot 2 = 2^5 = k^n$ Möglichkeiten, wie das Wurfergebnis aussehen könnte.

Ein weiteres Beispiel wäre der Würfelwurf mit $n = 5$ Würfeln D6.[1] Jeder Würfel hat $k = 6$ mögliche Würfelergebnisse. Dann können Sie mit fünf Würfeln $k^n = 6^5 = 7776$ unterschiedliche Kombinationen würfeln.

Variationsregel 2

Sie haben die Möglichkeit, n Versuche mit $k_1, k_2, \ldots k_n$ verschiedenen Ereignissen durchzuführen. Dann gibt es insgesamt $k_1 \cdot k_2 \cdot \ldots \cdot k_n$ Ereignisabfolgen.

Beispiel Variationsregel 2

Sie haben $n_1 + n_2 = n = 5$ „Zufallsgeräte": $n_1 = 2$ Münzen und $n_2 = 3$ Würfel D6. Dann gibt es $k_1 \cdot k_1 \cdot k_2 \cdot k_2 \cdot k_2 = 2 \cdot 2 \cdot 6 \cdot 6 \cdot 6 = 864$ Möglichkeiten, Münz- und Würfelergebnisse zu kombinieren.

Permutationsregel

k verschiedene Objekte können in $k! = 1 \cdot 2 \cdot 3 \cdot \ldots \cdot k$ verschiedene Reihenfolgen angeordnet werden.

Beispiel Permutationsregel

Sie haben $k = 5$ Billardkugeln.[2] Dann gibt es $k! = 5! = 5 \cdot 4 \cdot 3 \cdot 2 \cdot 1 = 120$ Möglichkeiten, die Kugeln in verschiedene Reihenfolgen anzuordnen.

10.3   Kombinationsregeln

Kombinationsregel 1 (wenn Objektreihenfolgen wichtig sind)

Sie haben n verschiedene Objekte, aus denen Sie $k \leq n$ nacheinander auswählen. Unterschiedliche Reihenfolgen von ansonsten gleichen Sätzen werden einzeln gezählt. Die Reihenfolge der Auswahl ist also entscheident. Dann gibt es $\frac{n!}{(n-k)!}$ Möglichkeiten.

Beispiel Kombinationsregel 1

Sie wählen $k = 3$ Kugeln aus $n = 5$ Billardkugeln aus. Dazu haben Sie $\frac{n!}{(n-k)!} = \frac{5!}{(5-3)!} = \frac{5 \cdot 4 \cdot 3 \cdot 2 \cdot 1}{2 \cdot 1} = 60$ Möglichkeiten. Die Reihenfolgen 3–2–5 und 2–5–3 werden jeweils einzeln gezählt.

Ein Spezialfall der Kombinationsregel 1 für den Fall $k = n$ ist die Permutationsregel.

---

[1] D6 (D für dice) ist ein normaler sechsseitiger Würfel.
[2] Billardkugeln sind dankbare Beispiele, da sie nummeriert und damit unterscheidbar sind. Das haben sie mit Lottokugeln gemein.

Kombinationsregel 2 (wenn Objektreihenfolgen nicht unterschieden werden)

Sie haben n verschiedene Objekte, aus denen Sie $k \leq n$ nacheinander auswählen. Alle gleichen Sätze mit unterschiedlichen Reihenfolgen werden nur einmal gezählt. Die Reihenfolge der Auswahl ist also egal. Dann gibt es dazu $\frac{n!}{k!(n-k)!}$ Möglichkeiten.

(quasi Kombinationsregel 1 geteilt durch Permutationsregel)

Beispiel Kombinationsregel 2

Sie wählen $k = 3$ Kugeln aus $n = 5$ Billardkugeln aus. Dazu haben Sie $\frac{n!}{k!(n-k)!} = \frac{5!}{3!(5-3)!} = \frac{5 \cdot 4 \cdot 3 \cdot 2 \cdot 1}{3 \cdot 2 \cdot 1 \cdot 2 \cdot 1} = 10$ Möglichkeiten.

Ein weiteres Beispiel ist Lotto 6 aus 49. Die gezogenen Kugeln werden nach dem Ziehen nach Größe sortiert, so dass zwei gleiche Sätze auch in gleiche Reihenfolge gebracht werden.

Kombinationsregel 2 wird häufig verwendet. Die Formel $\frac{n!}{k!(n-k)!}$ werden Sie in Abschn. 11.3 noch unter dem Namen Binomialkoeffizient kennen lernen.

Kombinationsregel 3

Sie haben n verschiedene Objekte, aus denen Sie $k \leq n$ Gruppen nacheinander auswählen. Die k Gruppen haben die Anzahlen $n_1 + n_2 + \ldots + n_k = n$. Die Reihenfolge innerhalb einer ausgewählten Gruppe hat keine Bedeutung. Dann gibt es dazu $\frac{n!}{n_1! \cdot n_2! \cdots n_k!}$ Möglichkeiten.

Beispiel Kombinationsregel 3

Sie haben ein Ferienhaus für $n = 9$ Personen gemietet. Das Ferienhaus hat $k = 3$ Zimmer mit $n_1 = 4$, $n_2 = 3$ und $n_3 = 2$ Betten. Sie verteilen die Personen auf das $n_1 = 4$-Bett-Zimmer, $n_2 = 3$-Bett-Zimmer und ein $n_3 = 2$-Bett-Zimmer. Sie haben $\frac{n!}{n_1! \cdot n_2! \cdots n_3!} = \frac{9!}{4! \cdot 3! \cdot 4!} = 1260$ Möglichkeiten, 9 Personen zu verteilen. Pärchen und Antipathien erschweren die Rechnung.

Kombinationsregel 3 ist eine Verallgemeinerung von Kombinationsregel 2. In Kombinationsregel 2 gibt es nur zwei Gruppen mit den Anzahlen $n_1 = k$ und $n_2 = n - k$.

10.4   Kombinatorik und Wahrscheinlichkeit

Die Variations- und Kombinationsregeln liefern Ihnen die Anzahlen für Auswahlen aus einer Gesamtmenge von Objekten. Damit haben Sie auch die erforderlichen Werte, um die Wahrscheinlichkeit für eine Auswahl berechnen zu können.

Wenn Sie wissen wollen, wie groß die Wahrscheinlichkeit ist, dass k Objekte in einer bestimmten Reihenfolge angeordnet sind, so bestimmen Sie die Wahrscheinlichkeit für eine konkrete Reihenfolge aus $k!$ möglichen Reihenfolgen mit:

$$P(X = \text{konkrete Reihenfolge}) = \frac{1}{k!} \tag{10.1}$$

Wenn Sie wissen wollen, wie groß die Wahrscheinlichkeit ist, dass k bestimmte Objekte ohne Beachtung der Reihenfolge aus eine Gesamtmenge von n Objekten ausgewählt werden, so bestimmen Sie die Wahrscheinlichkeit mit:

$$P(X = \text{Auswahl von } k \text{ ohne Reihenfolge}) = \frac{1}{\frac{n!}{k!(n-k)!}} \qquad (10.2)$$

Gerade der letzte Fall führt, wenn Sie alle denkbaren k betrachten, zur Binomialverteilung und damit zum Kap. 11.

Diskrete Verteilungen

11

11.1 Überblick

Eine diskrete Verteilung gibt für eine diskrete Zufallsvariable an, wie groß die Wahrscheinlichkeiten für alle Realisationen der Variablen sind. Wichtige diskrete Verteilungen sind die Gleichverteilung (z. B. für Würfelspiele), die Binomialverteilung (z. B. für defekte Bauteile) und die hypergeometrische Verteilung (z. B. für Lotto). In bestimmten Fällen kann eine schwer zu berechnende Verteilung durch eine leichter zu berechnende Verteilung angenähert werden, so die hypergeometrische Verteilung durch die Binomialverteilung, die Binomialverteilung durch die Poisson-Verteilung oder die Normalverteilung.

Eine sehr einfache Verteilung, die diskrete Gleichverteilung, haben Sie am Beispiel des Würfelwurfs in Abb. 9.3 schon gesehen. Über ein kleines Gedankenexperiment, dem Galton-Brett, werden Sie zunächst die Binomialkoeffizienten und die Binomialverteilung kennen lernen.

11.2 Galton-Brett

Das Galton-Brett[1] ist ein Modell[2] für viele Zufallsexperimente und besteht aus einem geneigt aufgestellten Brett, über das Kugeln in Töpfe am Ende des Brettes rollen können. Auf dem Weg zu den Töpfen sind jedoch Hindernisse in mehreren Ebenen angebracht, so dass sich die Kugeln ein- oder mehrmals für den linken oder rechten Weg „entscheiden" müssen. Gehen Sie davon aus, dass diese „Entscheidung" zufällig ist mit $p = P(\text{links}) = P(\text{rechts}) = q = 0{,}5$.

---

[1] Sir Francis Galton, 1822 bis 1911, britischer Naturforscher und Schriftsteller.
[2] Ein Modell ist ein vereinfachtes Abbild eines Realitätsausschnitts, das zwei Dinge leistet: Es beschreibt den Realitätsausschnitt und es liefert Prognosen für das zukünftige Verhalten des Realitätsausschnitts.

© Springer-Verlag GmbH Deutschland 2017
C. Brell, J. Brell, S. Kirsch, *Statistik von Null auf Hundert*, Springer-Lehrbuch,
DOI 10.1007/978-3-662-53632-2_11

Abb. 11.1 Prinzipskizze eines
zweistufigen Galton-Bretts

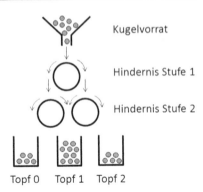

Bernoulli-Experiment

Ein Zufallsexperiment wie das Galton-Brett heißt Bernoulli-Experiment. Ein Bernoulli-Experiment hat folgende Eigenschaften:

- Für jeden Versuch gib es nur zwei mögliche Ergebnisse.
- Die beiden Eintrittswahrscheinlichkeiten p und $q = 1 - p$ ändern sich nicht von Versuch zu Versuch.[3]

Die Wahrscheinlichkeiten p und q müssen nicht gleich sein. Im Falle des Galton-Bretts erreichen Sie ungleiche Wahrscheinlichkeiten durch ein leichtes Schrägstellen des Bretts.

Abb. 11.1 zeigt ein zweistufiges Galton-Brett. Eine Kugel kann am ersten Hindernis links oder rechts vorbeirollen. Hier könnten nun zwei Töpfe stehen. Im linken Topf würden bei sehr vielen Kugeln, die Sie hinunter rollen lassen, etwa die Hälfte der Kugeln landen, genauso wie in dem rechten Topf. In Abb. 11.1 ist jedoch eine zweite Stufe mit zwei Hindernissen eingezeichnet. Wieder hat die Kugel zwei Möglichkeiten: Links oder rechts mit $P(\text{links}) = P(\text{rechts}) = \frac{1}{2}$. Um die Wahrscheinlichkeiten für einen Topf bestimmen zu können, benötigen Sie zwei Regeln, die Wegmultiplikationsregel und die Wegadditionsregel.

Wegmultiplikationsregel

Bei einem mehrstufigen Zufallsversuch ist die Wahrscheinlichkeit eines Ergebnisses gleich dem Produkt der Wahrscheinlichkeiten entlang des zugehörigen Weges. Im Falle des Galton-Bretts werden für eine Kugel die Wahrscheinlichkeiten je Hindernis multipliziert. Jeder Weg ist gleich wahrscheinlich mit $P_{\text{gesamter Weg}} = P_{\text{erste Stufe}} \cdot P_{\text{zweite Stufe}} = \frac{1}{2} \cdot \frac{1}{2} = \frac{1}{4}$.

---

[3] Lotto ist kein Bernoulli-Experiment. Mit jeder Kugel, die gezogen wird, verändert sich die Wahrscheinlichkeit für eine andere Kugel, gezogen zu werden.

Wegadditionsregel

Die Wahrscheinlichkeit eines Ereignisses ist gleich der Summe der Wahrscheinlichkeiten der Wege, die zu diesem Ereignis führen. Im Falle des Galton-Bretts in Abb. 11.1 ist das die Vereinigung der Kugelströme im Zwischenraum der Hindernisse. In der zweiten Stufe können von zwei Seiten Kugeln in den mittleren Topf gelangen, es gibt zwei Wege, die in den mittleren Topf führen. Die Wahrscheinlichkeit ist $P_{\text{mittlerer Topf}} = P_{\text{gesamter Weg 1}} + P_{\text{gesamter Weg 2}} = \frac{1}{4} + \frac{1}{4} = \frac{1}{2}$.

Insgesamt gibt es bei einem zweistufigen Galton-Brett vier verschiedene Wege, die eine Kugel nehmen kann, und jeder Weg ist gleich wahrscheinlich mit $P_{\text{Weg}} = \frac{1}{4}$. Es gibt drei Töpfe, in die äußeren führt jeweils ein Weg, in den mittleren führen zwei Wege. Mit einer weiteren Stufe kämen je Weg zwei alternative Wege hinzu. Eine Kugel kann bei einem dreistufigen Galton-Brett einen von acht Wegen nehmen. Jede weitere Stufe verdoppelt die Anzahl Wege. Damit ist für n Stufen die Anzahl der Wege 2^n, die Anzahl der Töpfe $n + 1$, die Wahrscheinlichkeit für einen Weg $P_{\text{Weg}} = \frac{1}{2^n}$. In die äußeren Töpfe führt genau ein Weg, die Wahrscheinlichkeit, dass eine Kugel in einen äußeren Topf fällt, ist $P = \frac{1}{2^n}$. Die Wahrscheinlichkeit, dass eine Kugel in einen der inneren Töpfe fällt, hängt von der Anzahl der unterschiedlichen Wege ab, die in den Topf führen.

Pascalsches Zahlendreieck und Binomialkoeffizient

Ein Hilfsmittel, die Anzahl der Wege zu bestimmen, ist das Pascalsche Zahlendreieck wie in Abb. 11.2. Für jede neue Stufe ist die Anzahl für die äußeren Töpfe 1, für die inneren Töpfe addieren Sie die beiden darüber liegenden Töpfe. Die Anzahl der Wege teilen Sie durch die Wahrscheinlichkeit für einen Weg $\frac{1}{2^n}$ und erhalten die Wahrscheinlichkeit, dass eine Kugel in den Topf gelangt. Die Anzahl der Wege können Sie statt über das Pascalsche Zahlendreieck auch direkt mit dem Binomialkoeffizienten aus Abschn. 10.3 berechnen:

$$\binom{n}{k} = \frac{n!}{k!(n-k)!} \quad \text{mit } n! = 1 \cdot 2 \cdot \ldots \cdot (n-1) \cdot n \quad \text{und } 0! = 1 \tag{11.1}$$

In (11.1) ist n die Anzahl der Stufen und k die Nummer des Topfes. Der erste Topf trägt die Nummer $k = 0$, der letzte Topf die Nummer $k = n$ wie in Abb. 11.1. Die

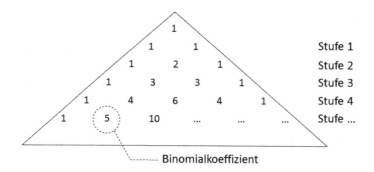

Abb. 11.2 Beispiel Pascalsches Zahlendreieck

Wahrscheinlichkeit, dass eine Kugel in den Topf mit der Nummer k fällt, ist:

$$P(\text{Topf } k) = \binom{n}{k} \cdot \frac{1}{2^n} \tag{11.2}$$

Die Erweiterung von (11.2) auf ungleiche Wahrscheinlichkeiten $p \neq q$ für das Rollen nach rechts oder links führt zu einer wichtigen diskreten Verteilung, der Binomialverteilung.

11.3 Binomialverteilung

Wenn Sie das Galton-Brett ein wenig nach links kippen, ist die Wahrscheinlichkeit, nach links zu rollen, etwas größer mit $p \geq 0{,}5$, die Wahrscheinlichkeit, nach rechts zu rollen etwas kleiner mit $q \leq 0{,}5$. Irgendwohin muss die Kugel rollen, das heißt, dass die Kugel links oder rechts rollt ist $p + q = 1$. Insgesamt kann die Kugel bei n Stufen und $n + 1$ Töpfen, um in den Topf k zu gelangen, k mal rechts und $n - k$ mal links rollen. Die Gesamtwahrscheinlichkeit für einen Weg ist dann:

$$P(\text{ein Weg zum Topf } k) = p^k q^{(n-k)} = p^k (1 - p)^{(n-k)} \tag{11.3}$$

Das gilt nun nicht nur für das Galton-Brett, sondern für viele Vorgänge in Wirtschaft und Natur. Für einen Vorgang, der ein Bernoulli-Experiment ist, ist die Wahrscheinlichkeit, dass ein Versuch mit der Wahrscheinlichkeit p und bei n Versuchen k mal auftritt:

$$P(X) = B(k|n; p) = \binom{n}{k} p^k (1 - p)^{n-k} \quad \text{mit } \binom{n}{k} = \frac{n!}{k!(n-k)!} \tag{11.4}$$

Man sagt, die Zufallsvariable X ist binomialverteilt. In Abhängigkeit von den Parametern n und p kann die konkrete Wahrscheinlichkeit P für das Eintreten des Ereignisses $X = k$ mit (11.4) berechnet werden.

Beispiel Binomialverteilung

In einem Firmencomputernetz sind sieben Server in Betrieb. Die Eintrittswahrscheinlichkeit für einen Server, am kommenden Tag auszufallen, beträgt $p = 10\,\%$.[4] Ein Server kann an einem Tag repariert werden. Das Firmennetz ist betriebsbereit, wenn mindestens fünf Server laufen. Wie groß ist das Risiko, dass es zu einer Betriebsunterbrechung kommt?

Es ist einfacher, die Gegenwahrscheinlichkeit „störungsfreier Betrieb" auszurechnen und dann (9.5) anzuwenden.

---

[4] Solche ausfallträchtige Server sollten Sie nicht kaufen. Das Beispiel ist hier nur so gewählt, dass eine einfach nachvollziehbare Rechnung herauskommt.

Der Betrieb ist ungestört, wenn 0, 1 oder 2 Server ausfallen. Die Wahrscheinlichkeit, dass kein Server ausfällt, ist

$$P(X = 0) = B(0|7; 10\,\%) = \binom{7}{0}0{,}1^0\,(1 - 0{,}1)^7 = 1 \cdot 1 \cdot 0{,}9^7 = 0{,}478$$

Die Wahrscheinlichkeit, dass ein Server ausfällt, ist

$$P(X = 1) = B(1|7; 10\,\%) = \binom{7}{1}0{,}1^1\,(1 - 0{,}1)^6 = 0{,}372$$

Die Wahrscheinlichkeit, dass zwei Server ausfallen, ist

$$P(X = 2) = B(2|7; 10\,\%) = \binom{7}{2}0{,}1^2\,(1 - 0{,}1)^5 = 0{,}124$$

Die kumulierte Wahrscheinlichkeit, dass ein oder zwei oder drei Server ausfallen ist mit (9.3)

$$P(X = \{0; 1; 2\}) = 0{,}478 + 0{,}372 + 0{,}124 = 0{,}974 = 97{,}4\,\%$$

Die Gegenwahrscheinlichkeit, dass mehr als zwei Server ausfallen und damit das Firmennetz nicht betriebsbereit ist, ist damit 2,6 %.[5]

Ein weiteres Beipiel wäre bei der Entnahme von Bauteilen aus der Produktion, die Wahrscheinlichkeit, defekte zu erhalten.

Erwartungswert der Binomialverteilung

Mit einer einfachen Überlegung können Sie sich plausibel machen, welchen Wert Sie bei einem Zufallsexperiment mit einer binomial verteilten Zufallsvariablen erwarten können. Ein Beispiel wäre der Münzwurf mit mehreren Münzen, nennen wir die Seiten der Einfachheit halber 0 und 1 statt Kopf und Zahl. Die Zufallsvariable X sei die Summe, das entspricht der Anzahl „Zahl". Beginnen Sie mit $n = 1$ Münze. Dann ist plausibel, dass die Summe aller Münzen (jetzt mit $n = 1$ Münze) bei einem Wurf der Wahrscheinlichkeit für den Wurf von 1 entspricht, also $P(X = 1) = 0{,}5$.[6] Die Summe bei $n = 2$ Münzen kann $X = 0$, $X = 1$ oder $X = 2$ sein. $X = 0$ erhalten Sie, wenn $(0; 0)$ geworfen wird. $X = 2$ erhalten Sie, wenn $(1; 1)$ geworfen wird. $X = 1$ erhalten Sie, wenn $(0; 1)$ oder $(1; 0)$ geworfen wird. Die Wahrscheinlichkeiten dafür sind $P(X = 0) = \frac{1}{4}$, $P(X = 1) = \frac{2}{4}$, $P(2) = \frac{1}{4}$. Sie erwarten als das wahrscheinlichste Ereignis $X = 2$. Bei $n = 10$ Münzen erwarten Sie im Schnitt, dass 5 Münzen 0 und 5 Münzen 1 zeigen,

---

[5] Das sind im Jahr neun Tage.
[6] Stören Sie sich nicht daran, dass Sie keine 0,5 konkret werfen können.

das ist $n = 10$ mal die Einzelwahrscheinlichkeit von $p = 0,5$. Das würde auch für „unfaire" Münzen mit einer Wahrscheinlichkeit von $p \neq 1$ funktionieren und damit für alle binomial verteilten Zufallsvariablen. Der Erwartungswert ist damit:

$$E(X) = P(X_{\text{binomialverteilt}}) = n \cdot p \tag{11.5}$$

Varianz und Standardabweichung der Binomialverteilung
Die Varianz einer binomial verteilten Zufallsvariablen berechnen Sie durch Multiplikation des Erwartungswertes mit der Gegenwahrscheinlichkeit:

$$\sigma^2_{\text{binomialverteilt}} = n \cdot p \cdot q = n \cdot p \cdot (1 - p) \tag{11.6}$$

Die Standardabweichung ist die Wurzel aus der Varianz:

$$\sigma_{\text{binomialverteilt}} = \sqrt{n \cdot p \cdot q} = \sqrt{n \cdot p \cdot (1 - p)} \tag{11.7}$$

Die Binomialverteilung sieht glockenförmig aus, insbesondere für große n. Abb. 11.3 stellt in der linken Grafik die Wahrscheinlichkeiten auf der y-Achse gegen „den Topf" k auf der x-Achse für verschiedene n dar. Sie sehen: für größere n wandert die Mitte der Verteilung nach rechts (wachsender Erwartungswert), die Verteilung wird breiter (wachsende Standardabweichung) und die Verteilung wird niedriger – die Fläche unter der Verteilung entspricht der Anzahl n.

Die Grafik auf der rechten Seite der Abb. 11.3 zeigt den gleichen Sachverhalt, allerdings sind die Verteilungen auf der x-Achse um den jeweiligen Erwartungswert nach links verschoben, so dass die Mitte der drei betrachteten Fälle bei 0 liegt. Sie sehen, dass bei steigender Anzahl n die Verteilungen flacher und breiter werden, fast so, als würde sie „auseinanderfließen". Beim Übergang von diskreten zu stetigen Verteilungen in Kap. 12 und damit von der Wahrscheinlichkeitsfunktion zur Dichtefunktion ist das von Bedeutung.

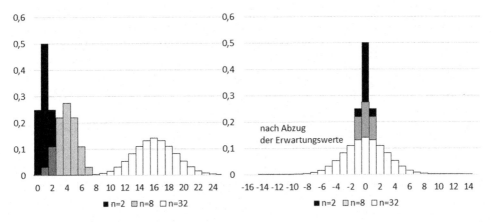

Abb. 11.3 Binomialverteilungen mit drei unterschiedlichen Parametersätzen

Die Binomialverteilung setzt voraus, dass sich die Wahrscheinlichkeiten p und q durch einen Versuch nicht ändern. Bei Experimenten, bei denen „ohne Zurücklegen" gearbeitet wird, z. B. beim Lotto oder bei der Entnahme von Bauteilen aus einem begrenzten Vorrat, ändern sich die Wahrscheinlichkeiten mit jedem Versuch. Die Binomialverteilung ist dann nicht mehr anwendbar und führt zu falschen Ergebnissen. Dieses Problem löst die hypergeometrische Verteilung in Abschn. 11.4.

```
EXCEL-Tipp: Die Wahrscheinlichkeiten mit der Binomialverteilung
liefert die Funktion
=BINOM.VERT(Zahl_Erfolge;Versuche;Erfolgswahrsch;Kumuliert),
wobei die Parameter mit Zahl_Erfolge=k, Versuche=n, Erfolgswahrsch=p
und Kumuliert =falsch anzugeben sind.
```

11.4 Hypergeometrische Verteilung

Die hypergeometrische Verteilung entspricht einem Urnenmodell ohne zurücklegen. Hierzu können Sie sich einen Topf mit einer festen Anzahl N Kugeln vorstellen wie in Abb. 11.4, von denen M Kugeln hell und $N - M$ Kugeln dunkel sind. Die Wahrscheinlichkeit, eine helle Kugel zu ziehen, ist $P(X = \text{hell}) = p = \frac{M}{N}$.

Wenn Sie die Kugel wieder zurücklegen, ist die Wahrscheinlichkeit im nächsten Versuch immer noch $p = \frac{M}{N}$ und es würde sich um ein Bernoulli-Experiment handeln. Wenn Sie n Kugeln ziehen und jeweils wieder zurücklegen, wäre die Wahrscheinlichkeit, dass davon m Kugeln hell sind, durch die Binomialverteilung $B(m|n; p) = \binom{n}{m} p^m (1 - p)^{n-m}$ ermittelbar.

Anders sieht es allerdings aus, wenn Sie nicht zurücklegen. Dann ändert sich die Wahrscheinlichkeit von Versuch zu Versuch. Haben Sie eine helle Kugel im ersten Versuch gezogen, so ist die Wahrscheinlichkeit im zweiten Versuch $P(X = \text{hell}) = p = \frac{M-1}{N-1}$.

Abb. 11.4 Urnenmodell – ein Topf mit verschieden markierten Objekten

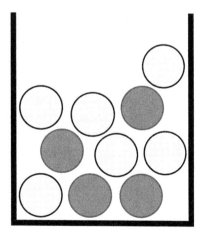

Haben Sie eine dunkle Kugel im ersten Versuch gezogen, so ist die Wahrscheinlichkeit im zweiten Versuch $P(X = \text{hell}) = p = \frac{M}{N-1}$. Wenn Sie insgesamt n Kugeln ziehen und nicht zurücklegen, ist die Wahrscheinlichkeit, dass von den n Kugeln m hell sind:

$$h(m|N; M; n) = \frac{\binom{M}{m}\binom{N-M}{n-m}}{\binom{N}{n}} \quad \text{mit}$$

$$N = \text{insgesamt mögliche Ereignisse}$$

$$M = \text{ausgezeichnete Ereignisse in der Urne}$$

$$n = \text{Anzahl der Versuche}$$

$$m = \text{ausgezeichnete Ereignisse unter den gezogenen} \qquad (11.8)$$

Kochrezept hypergeometrische Verteilung

Die komplex wirkende Gl. (11.8) verliert ihren Schrecken, wenn Sie sie in Einzelschritte zerlegen:

- Berechnen Sie einen Zwischenwert $A = \binom{M}{m}$.
- Berechnen Sie Zwischenwerte $a = N - M$ und $b = n - m$.
- Berechnen Sie einen Zwischenwert $B = \binom{a}{b}$.
- Berechnen Sie einen Zwischenwert $C = \binom{N}{n}$.
- Berechnen Sie die Wahrscheinlichkeit $P(X = m) = B(m|n; p) = \frac{A \cdot B}{C}$.

Beispiel hypergeometrische Verteilung

Die typische Anwendungssituation für die hypergeometrische Verteilung aus (11.8) ist das Lottospiel mit 6 aus 49: Durch die Ziehung werden $M = 6$ Kugeln von $N = 49$ ausgezeichnet. Ihr Zufallsexperiment ist der Lottoschein mit einem Tipp von $n = 6$ Zahlen. Die Wahrscheinlichkeit, dass Sie $m = 3$ Richtige haben, ist mit der hypergeometrischen Verteilung

$$h(m|N; M; n) = h(3|49; 6; 6) = \frac{\binom{M}{m}\binom{N-M}{n-m}}{\binom{N}{n}} = \frac{\binom{6}{3}\binom{49-6}{6-3}}{\binom{49}{6}} = 0{,}0177.$$

Die Rechnung vereinfacht sich für den Fall, dass Sie die Wahrscheinlichkeit für $m = 6$ Richtige ausrechnen wollen, da alle Terme im Nenner gleich 1 sind und lediglich der Binomialkoeffizient im Nenner übrig bleibt – im Fall 6 aus 49 übrigens $7{,}15 \cdot 10^{-8}$.

Ein weiteres hypothetisches, aber lebensnahes Beispiel liefert Abb. 11.4, wenn Sie die dunklen Kugeln als neue Socken und die hellen Kugeln als verwaschene Socken in einem Korb identifizieren. Wenn Sie drei Socken aus dem Korb herausnehmen, wie groß ist die Wahrscheinlichkeit, dass Sie zwei neue erwischt haben?

$$P(X = 2) = h(2|10; 4; 3) = \frac{6 \cdot 6}{120} = 0{,}3$$

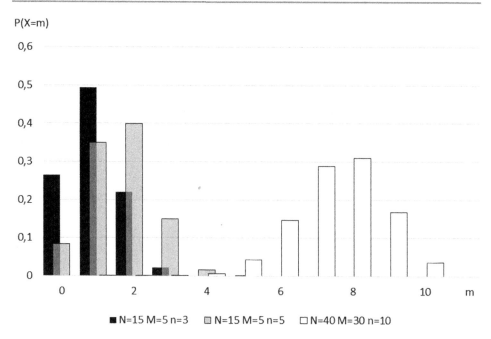

Abb. 11.5 Hypergeometrische Verteilungen mit verschiedenen Parametersätzen

Für drei Parametersätze N, M und n ist die hypergeometrische Verteilung mit m auf der x-Achse und der Wahrscheinlichkeit ($P(X = m)$) auf der y-Achse in Abb. 11.5 dargestellt. Für großes N (weiße Säulen) wird die Ähnlichkeit zur Binomialverteilung deutlich.

Berechnung der hypergeometrischen Verteilung in Extremfällen
Für eine sehr große Anzahl N und eine kleinere Entnahmegröße $n < 0{,}05 \cdot N$ und mit $0{,}1 < p = \frac{M}{N} < 0{,}9$ kann die hypergeometrische Verteilung durch die Binomialverteilung angenähert werden. Das kann z. B. erforderlich werden, weil EXCEL die Fakultät für $N > 180$ nicht berechnen kann und handelsübliche Taschenrechner schon früher aussteigen.

Für seltene Ereignisse, also $p < 0{,}1$ oder $p > 0{,}9$ und $N >> n > 30$ kann die Binomialverteilung und damit die hypergeometrische Verteilung durch die Poissonverteilung angenähert werden mit $\frac{M^n}{n!} e^{-M}$. Sie ersparen sich die Berechnung von $N!$.

```
EXCEL-Tipp: Die Wahrscheinlichkeiten mit der hypergeometrischen
Verteilung liefert die Funktion
=HYPGEOM.VERT(Erfolge_S;Umfang_S;Erfolge_G;Umfang_G;kumuliert),
wobei die Parameter mit Erfolge_S=m, Umfang_S=n, Erfolge_G=M,
Umfang_G=N und Kumuliert =falsch anzugeben sind.
```

Stetige Verteilungen

12.1 Überblick

Eine stetige Verteilung gibt die Wahrscheinlichkeit $P(a \leq x \leq b)$ dafür an, dass eine Realisation x einer Zufallsvariablen X in ein Intervall $[a; b]$ fällt. Die Wahrscheinlichkeit für genau eine Realisation einer stetigen Zufallsvariablen ist $P(X = \text{konkreter Wert}) = 0$, da es ∞ viele mögliche Realisationen gibt und $\frac{1}{\infty} = 0$.

Dichteverteilung einer stetigen Variablen

Was für eine diskrete Variable die Wahrscheinlichkeitsverteilung, ist für eine stetige Variable die Dichteverteilung. In Abb. 9.5 haben Sie den Übergang von der Wahrscheinlichkeitsfunktion zur Dichtefunktion kennen gelernt. Je feiner eine diskrete Variable unterteilt ist, desto kleiner wird die Wahrscheinlichkeit für genau eine Realisation. Beim Grenzübergang zu ∞ vielen Realisationsmöglichkeiten, also dem Übergang von einer diskreten zu einer stetigen Variablen, geht die Wahrscheinlichkeit gegen 0. Erst die Betrachtung der Wahrscheinlichkeit eines Intervalls $P(a \leq X \leq b)$ mit ∞ vielen Realisationen liefert eine Wahrscheinlichkeit $P \geq 0$.

Die Wahrscheinlichkeiten für eine stetige Variable können mit einer Dichteverteilung (oder kumuliert mit einer Verteilungsfunktion) dargestellt werden, nicht mit einer Wahrscheinlichkeitsverteilung.

Grundtypen von stetigen Verteilungen

Wie bei den diskreten Verteilungen können die meisten Zufallsexperimente mit stetigen Variablen einem von wenigen Grundtypen von stetigen Verteilungen zugeordnet werden. Um die Grundlagen der induktiven Statistik verstehen zu können, sind nur drei Verteilungen wesentlich:

© Springer-Verlag GmbH Deutschland 2017
C. Brell, J. Brell, S. Kirsch, *Statistik von Null auf Hundert*, Springer-Lehrbuch,
DOI 10.1007/978-3-662-53632-2_12

- Die Gleichverteilung, da Sie daran das Rechnen mit Wahrscheinlichkeiten intuitiv erfassen können.
- Die Normalverteilung, da nach dem zentralen Grenzwertsatz die Mittelwerte der Erhebungen in klug gemachten empirischen Untersuchungen[1], z. B. in der Marktforschung, annähernd normalverteilt sind.
- Die Student-t-Verteilung, weil sie die Wahrscheinlichkeit der Differenz von zwei Mittelwerten aus klug gemachten empirischen Untersuchungen beschreibt.

12.2 Gleichverteilung

Die Gleichverteilung einer stetigen Variablen können Sie sich genauso vorstellen wie die Gleichverteilung einer diskreten Variablen, nur dass Sie nun ∞ viele Realisationen haben. Beispiele wären exakt kugelförmige Würfel, auf die ∞ viele Zahlen aufgedruckt sind[2] oder die Position des Füllers beim Füllerdrehen oder ein Glücksrad ohne Einteilungsmarkierungen oder der im Beispiel betrachtete Mülleimerfüllgrad.

Auch bei einer Gleichverteilung müssen Sie, um Flächen unter der Dichtefunktion zu berechnen, keine Integrale lösen, es genügt elementare Geometrie.

Bei der Gleichverteilung ist jede Realisation einer Zufallsvariablen X in einem Intervall $[a; b]$ gleich wahrscheinlich. Die Gleichverteilung hat als Parameter a und b die Intervallgrenzen, innerhalb derer die Zufallsvariable eine Wahrscheinlichkeitsdichte $f(x) > 0$ annimmt. Dabei ist es unerheblich, ob das betrachtete Intervall geschlossen oder offen ist, da die Wahrscheinlichkeit einer stetigen Variablen für einen konkreten Wert $P(X = x) = 0$ nicht zur Wahrscheinlichkeit $P(x \leq X \leq x + \Delta x) > 0$ beiträgt.

Die Dichtefunktion $f(x)$ einer gleichverteilten Variablen in den Grenzen $a < b$ ist:

$$f(x) = \frac{1}{b - a} \quad \text{für } a \leq x \leq b$$
$$f(x) = 0 \quad \text{sonst} \tag{12.1}$$

Die Dichtefunktion, die Veranschaulichung der Wahrscheinlichkeit für ein Intervall $[x; x + \Delta x]$ und die zugehörige Verteilungsfunktion sehen Sie in Abb. 12.1.

Ermittlung der Wahrscheinlichkeit mit der Dichtefunktion
Wenn Sie die Wahrscheinlichkeit P für ein Intervall $[x; x + \Delta x]$ bestimmen wollen, so setzen Sie die Fläche unter der Dichtefunktion $f(x)$ für das Intervall ins Verhältnis zur Gesamtfläche. Das ist für eine gleichverteilte Variable besonders einfach. Die Fläche für

---

[1] Klug gemacht heißt, dass Sie versuchen, Ihren Untersuchungsgegenstand mit einem Satz von Fragen, die voneinander möglichst unabhängig, deren Summe jedoch Ihren Untersuchungsgegenstand gut beschreibt, zu bearbeiten. Das ist allerdings ein Thema der Testtheorie und nicht der Statistik.
[2] Lassen Sie sich nicht davon irritieren, dass man so einen Würfeln nicht herstellen kann.

Abb. 12.1 Stetige Gleichverteilung – Dichtefunktion und Verteilungsfunktion

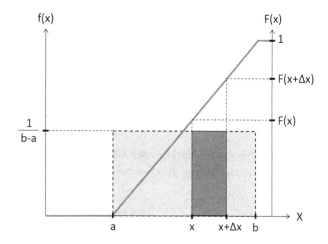

das Intervall und damit gleichzeitig die Wahrscheinlichkeit[3] ist:

$$P(x \leq X \leq x + \Delta x) = \int\limits_{x}^{x+\Delta x} f(x)dx = \int\limits_{x}^{x+\Delta x} \frac{1}{a+b}dx = \frac{\Delta x}{b-a} \quad (12.2)$$

Sie können bei der Gleichverteilung auch mit Breite · Höhe $= \Delta x \cdot \frac{1}{b-a}$ rechnen, da sich die Fläche mit geometrischer Überlegung aus dem dunklen Rechteck in der Abb. 12.1 ergibt.

Ermittlung der Wahrscheinlichkeit mit der Verteilungsfunktion

Die Verteilungsfunktion $F(x)$ ist die Stammfunktion der Dichtefunktion $f(x)$. Im Fall der Gleichverteilung ist sie besonders einfach: Eine lineare Funktion in den Grenzen $[a; b]$. Sie können Sie angeben mit:

$$F(x) = 0 \qquad \text{für } x < a$$

$$F(x) = \frac{x-a}{b-a} \quad \text{für } a \leq x \leq b$$

$$F(x) = 0 \qquad \text{für } b < x \quad (12.3)$$

Um die Wahrscheinlichkeit für ein Intervall zu berechnen, benötigen Sie lediglich die Werte der Stammfunktion $F(x)$ an den Intervallgrenzen. In der Grafik können Sie die

---

[3] Das liegt daran, dass die Fläche unter der Dichtefunktion zwischen a und b $P(a \leq x \leq b) = 1$ ist.

Werte auf der rechten y-Achse direkt ablesen. Sie berechnen die Wahrscheinlichkeit mit:

$$F(x) = \frac{x - a}{b - a}$$

$$F(x + \Delta x) = \frac{x + \Delta x - a}{b - a}$$

$$P([x; x + \Delta x]) = F(x + \Delta x) - F(x) \tag{12.4}$$

Erwartungswert und Varianz der Gleichverteilung

Der Erwartungswert einer gleichverteilten Variablen mit den Grenzen a und b ist

$$E_{\text{Gleichverteilung}}(X) = \frac{a + b}{2} \tag{12.5}$$

Der Erwartungswert liegt, wie Sie es intuitiv vermuten, genau in der Mitte zwischen den Intervallgrenzen.

Die Varianz der Gleichverteilung ist

$$\sigma^2_{\text{Gleichverteilung}} = \frac{(b - a)^2}{12} \tag{12.6}$$

Beispiel Gleichverteilung

Die Mülleimer in den Räumen eines Bürokomplexes sind 30 cm hoch. Die tägliche Füllhöhe schwankt zufällig und gleichverteilt zwischen 0 cm und 30 cm.

Situation: In den fast vollen Container der Reinigungskraft passt gerade noch eine 20 cm-Füllung hinein.

Frage: Wie groß ist die Wahrscheinlichkeit, dass der nächste Mülleimer noch vollständig in den Container entleert werden kann?

Der nächste Mülleimer kann entleert werden, wenn die Füllung im Intervall [0 cm; 20 cm] liegt, Δx ist also 20 cm. Mit den Grenzen des Mülleimers von $a = 0$ cm und $b = 30$ cm ergibt sich eine Wahrscheinlichkeit, dass der Mülleimer entleert werden kann zu:

$$P(x \leq X \leq x + \Delta x) = \frac{\Delta x}{b - a} = \frac{20\,\text{cm}}{30\,\text{cm} - 0\,\text{cm}} = \frac{2}{3}.$$

12.3 Zentraler Grenzwertsatz

Abb. 11.3 zeigt, dass die Summe von mehreren gleichverteilten Variablen (Die Wegentscheidung links oder rechts mit $p = q = 0{,}5$) eine glockenförmige Gestalt hat. Dahinter steckt eine generelle Regel, die mit einem weiteren Beispiel verdeutlicht werden soll. Betrachten Sie dazu Abb. 12.2, die die Wahrscheinlichkeiten für die Würfelsummen auf der

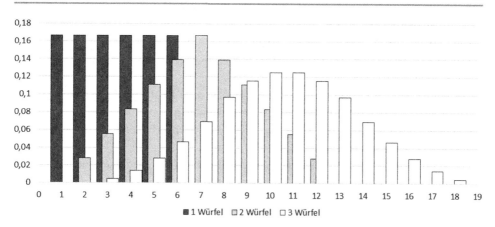

Abb. 12.2 Wahrscheinlichkeitsfunktionen für Würfelsummen, gleichverteilt, dreieckig verteilt, glockenförmig verteilt

y-Achse gegen die Würfelsummen auf der x-Achse für drei Fälle zeigt: Wurf mit einem Würfel, Wurf mit zwei Würfeln und Wurf mit drei Würfeln.

Sie sehen die erwartete Gleichverteilung für einen Würfel, hier dunkelgrau dargestellt. Für zwei Würfel haben Sie eine dreieckige Verteilung[4]. Bereits die Summe von drei Würfeln zeigt eine deutliche Glockenform. Das ist nicht nur mit gleichverteilten Variablen so. Wenn Sie die Summe von sehr vielen Variablen betrachten, deren Verteilung im Einzelnen lediglich ähnlich sein muss, kommt als Wahrscheinlichkeitsfunktion bzw. Dichtefunktion immer eine Glockenform heraus. Mehr noch, wenn Sie den Grenzübergang zu unendlich vielen Variablen betrachten, so zeigt die Dichtefunktion nach dem zentralen Grenzwertsatz eine Form, die man mit der Formel für die Normalverteilung beschreiben kann. Formaler ausgedrückt kann man aus dem zentralen Grenzwertsatz schließen:

Sind die Zufallsvariablen $X_1, X_2, X_3, \ldots, X_n$ unabhängig und identisch verteilt mit $E(X_i) = \mu$ und Varianz$(X_i) = \sigma^2$, dann ist die Zufallsverteilung der Mittelwerte $\bar{X} = \frac{1}{n} \sum_{i=1}^{n} X_i$ annähernd normalverteilt mit $E(\bar{X}) = \mu$ und Varianz$(\bar{X}) = \frac{\sigma^2}{n}$.

Die Verteilung der Mittelwerte um einen gemeinsamen Mittelwert μ hat eine Standardabweichung von:

$$\sigma_M = \frac{\sigma}{\sqrt{n}} \tag{12.7}$$

Der Wert σ_M heißt Standardabweichung des Mittelwerts.

---

[4] Das ist übrigens für jede gleichverteilte Variable so. Wenn Sie die Wahrscheinlichkeitsfunktion oder die Dichtefunktion der Summe von zwei Variablen, diskret oder stetig, aufzeichnen, kommt etwas mit einer Dreiecksform heraus.

12.4 Normalverteilung

Die Normalverteilung ist durch die drei folgenden Eigenschaften besonders wichtig:

- Die Formel ist kompliziert, aber es gibt Tabellen zum Rechnen, die das Ausrechnen von konktreten Wahrscheinlichkleiten sehr vereinfachen
- Sie beschreibt die Häufigkeitsverteilung von vielen Sachverhalten in Natur, Wirtschaft und Sozialwesen recht zutreffend.
- Wenn eine Häufigkeitsverteilung (... oder Wahrscheinlichkeitsdichte) nicht der Normalverteilung entspricht, so kann oft unter bestimmten Bedingungen der Sachverhalt durch die Normalverteilung angenähert werden. Die Summe von beliebigen, aber ähnlich verteilten Variablen ist auch annähernd normalverteilt[5].

Wenn Sie eine Zufallsvariable betrachten, bei der Sie davon ausgehen, dass sich die Zufallsvariable aus einer Vielzahl von zufälligen Eigenschaften der untersuchten Objekte zusammensetzt, dann können Sie die Verteilung nach dem zentralen Grenzwertsatz durch die Normalverteilung beschreiben mit:

$$f_N\left(x|\mu;\sigma\right) = \frac{1}{\sigma\cdot\sqrt{2\pi}}e^{-\frac{1}{2}\left(\frac{x-\mu}{\sigma}\right)^2} \quad \text{mit} -\infty < x < \infty \qquad (12.8)$$

Die Dichtefunktion ist durch den Mittelwert μ und die Standardabweichung σ vollständig beschrieben. Wenn Sie für ein Intervall $[x; x + \Delta x]$ die Wahrscheinlichkeit ausrechnen wollen, müssten Sie die Stammfunktion durch Integrieren der Normalverteilung ermitteln. Das ist schwierig, daher ist die Stammfunktion für eine besondere Variante der Normalverteilung, die Standardnormalverteilung, als Tabelle berechnet. Wenn Sie also konkrete Wahrscheinlichkeiten ausrechnen wollen, müssen Sie lediglich Werte aus der Tabelle heraussuchen. In Kap. 14 zu den Konfidenzintervallen sind Beispiele aufgeführt. Zunächst soll ein Gespür für die Verteilung vermittelt werden. Für zwei verschiedene Parametersätze μ und σ sind die Dichte- und Verteilungsfunktion der Normalverteilung in Abb. 12.3 gezeigt.

Die Kurven in Abb. 12.3 zeigen weitere Eigenschaften der Normalverteilung:

- Die Dichtefunktion der Normalverteilung zeigt immer eine Glockenform.
- Die Dichtefunktion ist unterschiedlich breit, je nach Standardabweichung.
- Die Höhe der Dichtefunktion sagt nichts über die Wahrscheinlichkeit aus.
- Die Dichtefunktion ist symmetrisch um den Mittelwert μ.
- Die Dichtefunktion fällt, je nach Standardabweichung, links und rechts vom Mittelwert relativ schnell auf 0 ab.
- Die Verteilungsfunktion der Normalverteilung zeigt einen s-förmigen Verlauf.

---

[5] Siehe Abschn. 12.3 über den zentralen Grenzwertsatz.

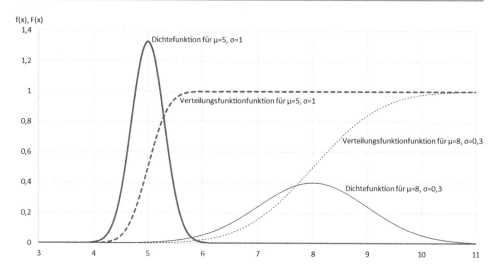

Abb. 12.3 Normalverteilung, Wahrscheinlichkeitsdichte und Verteilungsfunktion für zwei Parametersätze

- Die Verteilungsfunktion steigt von 0 stetig auf 1 an.
- Die Verteilungsfunktion hat ihren Wendepunkt an der Stelle $(x = \mu; F(x) = 0,5)$

Um nun mit Hilfe der Verteilungsfunktion in der Abbildung oder einer Tabelle Wahrscheinlichkeiten bestimmen zu können, wäre es erforderlich, dass Sie für genau Ihren Sachverhalt die passende Abbildung oder Tabelle haben. Die gibt es vermutlich nicht. Daher behelfen Sie sich mit einem Trick: Sie rechnen Ihren Sachverhalt in eine standardisierte Form um, so dass Sie mit nur einer standardisierten Normalverteilungstabelle, der Standardnormalverteilung, arbeiten können. Diese Tabelle finden Sie in Abschn. 18.2. Wie man damit umgeht, steht in Abschn. 18.1.

z-Transformation und Standardnormalverteilung

Um mit der Standardnormalverteilungstabelle für alle Fälle arbeiten zu können, müssen Sie Ihre Werte standardisieren. Die Normalverteilung und damit die angenommene Verteilung Ihrer Zufallsvariablen haben im Prinzip immer die gleiche Form. Sie sind nur um den Erwartungswert μ verschoben und um den Faktor $\frac{1}{\sigma}$ in der Breite gestaucht bzw. auseinandergezogen.

Mit einem einfachen Trick können Sie Ihre Zufallsvariable X in eine Zufallsvariable Z umbauen. Für die transformierte Variable berechnen Sie dann die Wahrscheinlichkeiten mit Hilfe der Tabelle. Die Wahrscheinlichkeiten gelten dann auch für Ihre ursprüngliche Zufallsvariable. Die z-Transformation führen Sie durch mit:

$$Z = \frac{X - \mu}{\sigma} \tag{12.9}$$

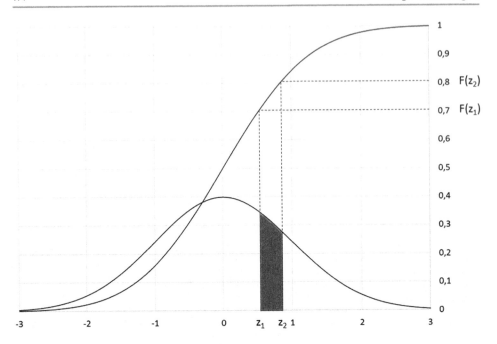

Abb. 12.4 Standardnormalverteilung

Durch diese Verschiebung und Stauchung wird eine Zufallsvariable X mit einer Dichteverteilung $f(x) = N(\mu; \sigma)$ in eine Zufallsvariable Z mit $f(z) = N(0; 1)$ transformiert. Das ist die Standardnormalverteilung. Die Standardnormalverteilung hat zusätzlich zur Normalverteilung noch die Eigenschaften:

- Der Erwartungswert der Standardnormalverteilung ist $\mu = 0$
- Die Standardabweichung der Standardnormalverteilung ist $\sigma = 1$

Abb. 12.4 zeigt die Dichtefunktion und Verteilungsfunktion der Standardnormalverteilung. Es ist, wie im Beispiel für die Gleichverteilung in Abb. 12.1, ein Intervall $[z_1; z_2]$ eingezeichnet. Die Wahrscheinlichkeit, dass ein z in dieses Intervall fällt, ist $P(z_1 \leq z \leq z_2) = F_N(z_2|0; 1) - F_N(z_1|0; 1)$. Die Werte für die Stammfunktion $F(z)$ lesen Sie aus der Abb. 12.4 ab oder Sie ermitteln sie aus der Tabelle in Abschn. 18.2.

Kochrezept Standardnormalverteilung
Sie benötigen:

- Kenntnis über den Mittelwert μ und die Standardabweichung σ Ihrer Zufallsvariablen X.
- Intervallgrenzen x_1 und x_2, für die Sie die Wahrscheinlichkeiten ermitteln wollen.

Sie wollen wissen, mit welcher Wahrscheinlichkeit eine Realisation x Ihrer Zufallsvariable X in das Intervall $[x_1; x_2]$ fällt:

- Berechnen Sie $z_1 = \frac{x_1 - \mu}{\sigma}$.
- Berechnen Sie $z_2 = \frac{x_2 - \mu}{\sigma}$.
- Lesen Sie $F(z_2)$ und $F(z_1)$ aus der Tabelle ab.
- Falls $z_i < 0$, nutzen Sie die Symmetrieeigenschaft mit $F(-z_i) = 1 - F(z_i)$
- Berechnen Sie die Wahrscheinlichkeit $P(x_1 \leq x \leq x_2) = P(z_1 \leq z \leq z_2) = F(z_2) - F(z_1)$.

Beispiel Standardnormalverteilung

Sie haben eine neue Apfelsorte gezüchtet[6]. Ihre Äpfel zeigen ein mittleres Gewicht von $\mu = 160$ g. Die Standardabweichung haben Sie mit $\sigma = 50$ g ermittelt. Sie fragen sich:

Wie groß ist die Wahrscheinlichkeit, dass ein Apfel ein Gewicht zwischen $x_1 = 0$ g und $x_2 = 100$ g hat und dass Sie durch zu leichte Äpfel Ihre Kunden verärgern?

Sie führen die z-Transformation durch:

$$z_1 = \frac{x_1 - \mu}{\sigma} = \frac{0\,\text{g} - 160\,\text{g}}{50g} = -3{,}2$$

$$z_2 = \frac{x_2 - \mu}{\sigma} = \frac{100\,\text{g} - 160\,\text{g}}{50\,\text{g}} = -1{,}2$$

Werte kleiner Null stehen nicht in der Tabelle, also lesen Sie für die negativen Werte ab und subtrahieren von 1:

$$F(-3{,}2) = 1 - F(3{,}2) = 1 - 0{,}99931 = 0{,}00069$$

$$F(-1{,}2) = 1 - F(3{,}2) = 1 - 0{,}88493 = 0{,}11507$$

$$P(-3{,}2 \leq z \leq -1{,}2) = 0{,}11507 - 0{,}00069 \approx 11{,}4\,\%$$

Mit einer Wahrscheinlichkeit von etwa 11,4 % werden Sie Ihren Kunden zu leichte Äpfel verkaufen.

```
EXCEL-Tipp: Die Wahrscheinlichkeiten ohne z-Transformation
rechnen Sie direkt mit
=NORM.VERT(x;Mittelwert;Standabwn;Kumuliert). Für Kumuliert
geben Sie wahr an, dann liefert Ihnen die
EXCEL-Funktion F(x).
```

---

[6] Zumindest am linken Niederrhein und in Südtirol wäre das ein wirtschaftlich interessanter Vorgang.

12.5 Student-t-Verteilung

Die Student-t-Verteilung[7] gibt die Wahrscheinlichkeit insbesondere von Mittelwertunter-
schieden und Abweichungen eines Stichprobenmittelwertes vom wahren Mittelwert der
Grundgesamtheit besser als die Normalverteilung wieder, insbesondere für kleine Anzahlen $n \leq 30$. Sie benötigen die Student-t-Verteilung in der induktiven Statistik und beim
Hypothesentest.

Die Formel zur Student-t-Verteilung ist kompliziert, verwendet noch andere Verteilungen und hilft hier nicht weiter und wird auch nicht benötigt. Die Werte für die Dichtefunktion $f(z)$ und die Verteilungsfunktion $F(z)$ liegen als Tabelle in Abschn. 18.3 vor. Für die
Berechnung der Wahrscheinlichkeit mit der Student-t-Verteilung wird zusätzlich die Anzahl der Freiheitsgrade DF benötigt. Die Anzahl der Freiheitsgrade gibt bei einer Anzahl
von n Fällen an, wie viele davon erforderlich sind, um den Sachverhalt zu beschreiben.
Wenn Sie den Mittelwert kennen, können Sie auf einen Wert verzichten, die Anzahl der
Freiheitsgrade für eine Zufallsvariable ist dann:

$$DF = n - 1 \tag{12.10}$$

Für zwei Zufallsvariablen, wie Sie sie beim Hypothesentest noch kennen lernen werden,
haben Sie zwei Mittelwerte und zwei Anzahlen n_1 und $n2$. Die Ermittlung der Anzahl
Freiheitsgrade kann aufwändig werden, in den meisten Fällen kommen Sie mit der folgenden Abschätzung weiter:

$$DF = n_1 + n_2 - 2 \tag{12.11}$$

Die Student-t-Verteilung hat eine Glockenform ähnlich der Standardnormalverteilung,
für große $n \geq 30$ geht die Student-t-Verteilung in die Standardnormalverteilung über.
Insbesondere für kleine $n \leq 10$ weicht die Student-t-Verteilung von der Standardnormalverteilung ab. Abb. 12.5 zeigt die Dichtefunktion und die Verteilungsfunktion der
Student-t-Verteilung für die Anzahlen der Freiheitsgrade DF $= 2$ und DF $= 8$ im di-
rekten Vergleich zur hellgrau eingezeichneten Standardnormalverteilung.

---

[7] Die Student-t-Verteilung wurde 1908 von William Sealy Gosset, Mitarbeiter der Guinness-Braue-
rei, entwickelt. Gosset veröffentlichte die Entwicklung unter dem Pseudonym Student, da die
Brauerei etwas gegen die Veröffentlichung hatte.

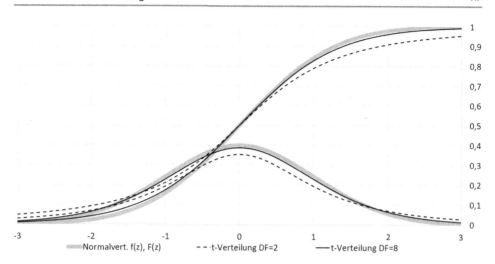

Abb. 12.5 Student-t-Verteilung im Vergleich zur Standardnormalverteilung

Induktive Statistik

13

13.1 Überblick

Die induktive Statistik[1] beschäftigt sich mit Aussagen über eine Grundgesamtheit, ohne dass alle Daten der Grundgesamtheit bekannt sind. Induktive Statistik verwendet Stichproben, das heißt eine Auswahl von Objekten der Grundgesamtheit, um dann von den Eigenschaften der Stichprobe auf Eigenschaften der Grundgesamtheit zu schließen.

Stichprobenumfang und Kosten
Der Prozess ist in Abb. 13.1 skizziert. Wenn man alle Objekte einer Grundgesamtheit untersuchen kann, ist der Umweg über die Stichprobe nicht erforderlich. Häufig ist das aber nicht möglich, da z. B. die Kosten für eine Untersuchung der Grundgesamtheit zu hoch sein können. Oder die Untersuchung der Grundgesamtheit dauert so lange, dass das

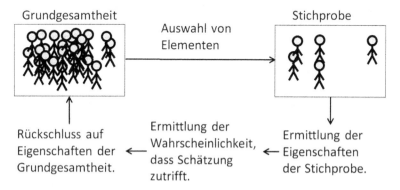

Abb. 13.1 Induktive Statistik, Schluss von der Stichprobe auf die Grundgesamtheit

---

[1] Ein Synonym ist schließende Statistik.

© Springer-Verlag GmbH Deutschland 2017
C. Brell, J. Brell, S. Kirsch, *Statistik von Null auf Hundert*, Springer-Lehrbuch,
DOI 10.1007/978-3-662-53632-2_13

Ergebnis niemandem mehr nutzt. Ein Ziel ist es daher, eine Stichprobe mit möglichst kleinem Umfang n zu untersuchen. Der Stichprobenumfang oder die Stichprobengröße ist die Anzahl n der Objekte in der Stichprobe. Je kleiner der Stichprobenumfang n ist, desto geringer ist die Wahrscheinlichkeit, dass die mit der Stichprobe ermittelten Parameter mit den wahren Parametern der Grundgesamtheit übereinstimmen.

Repräsentative Stichproben
Die Stichprobe sollte die zu untersuchenden Eigenschaften der Grundgesamtheit möglichst gut wiedergeben. So könnten Sie typische 1 % der Bauteile aus der Produktion herausnehmen und auf ihre Beschaffenheit, z. B. Länge des Bauteils, prüfen.[2] Ihre Behauptung wird dann sein, dass alle Bauteile, die Sie produzieren, diese Eigenschaft haben.

Der grundsätzliche Ablauf in der induktiven Statistik ist:

1. Bestimmung der geeigneten Auswahl aus der Grundgesamtheit als Stichprobe.
2. Bestimmung des Stichprobenumfangs n.[3]
3. Festlegung der Wahrscheinlichkeit P oder alternativ des Fehlerbereichs e, den Sie für die Abweichung von den wahren Werten der Grundgesamtheit akzeptieren wollen.
4. Berechnung der statistischen Parameter der Stichprobe – Mittelwert $\bar{x}$ oder Anteilswert $\hat{p}$ und Standardabweichung s – als Schätzer für den wahren Mittelwert μ oder den wahren Anteilswert p und die wahre Standardabweichung σ der Grundgesamtheit.
5. Berechnung der Wahrscheinlichkeit P, dass der Schätzfehler e eine vorher festgelegte Größe nicht überschreitet oder alternativ:
   Berechnung des Schätzfehlers, wenn Sie die Wahrscheinlichkeit vorher festgelegt haben.

Die dahinterliegenden Konzepte erfordern Kenntnisse der deskriptiven Statistik und der Wahrscheinlichkeitstheorie. Statistikpakete wie z. B. SPSS nehmen Ihnen viele Überlegungen ab, lassen es aber auch zu, dass Sie die Ergebnisse unzureichend interpretieren.[4] Nach der Lektüre dieses Kapitels werden Sie in der Lage sein, solche Rechnungen mit dem Taschenrechner oder mit EXCEL durchzuführen und die Ergebnisse zu verstehen. Als Rechenmethoden werden Sie – der komplexen Theorie dahinter zum Trotz – lediglich Dreisatz und die Tabellen in Kap. 18 benötigen.

---

[2] Die Auswahl aus einer Grundgesamtheit ist Thema der Testtheorie und nicht der Statistik. Randomisierung ist ein Verfahren, um repräsentative Stichproben zu erhalten. Eine weiteres ist, die Stichprobe sehr groß zu wählen...
[3] Bevor Sie die Anzahl bestimmen können, müssen Sie die anderen Schritte verstanden haben.
[4] In der Tat rechnen einige Soziologen, Wirtschaftswissenschaftler und Mediziner mit SPSS, verstehen aber das Ergebnis nicht.

13.2 Standardfehler des Mittelwertes

Sie ermitteln als Parameter für die Beschreibung der Stichprobe den arithmetischen Mittelwert $\bar{x}$ und die Standardabweichung s.[5] Machen Sie ein Gedankenexperiment: Stellen Sie sich vor, Sie führen mehrere solcher Untersuchungen mit unterschiedlichen Stichproben der gleichen Grundgesamtheit durch. Dann könnten Sie ein Ergebnis erwarten wie es in Abb. 13.2 skizziert ist. Die Mittelwerte streuen um den wahren Mittelwert, die Standardabweichungen sind als horizontale Striche eingezeichnet.

Die Mittelwerte x_j in Abb. 13.2 weichen voneinander ab. Nach dem zentralen Grenzwertsatz tendiert der Mittelwert aller Mittelwerte gegen den wahren Mittelwert μ der Grundgesamtheit. Dieser Mittelwert ist zur Illustration als hellgrauer Balken ebenfalls eingezeichnet. Ihre Stichprobenmittelwerte haben folgende Eigenschaften:

- Die Stichprobenmittelwerte $\bar{x}_j$ streuen um den wahren Mittelwert μ.
- Die Streuung der Stichprobenmittelwerte um den wahren Mittelwert der Grundgesamtheit wird umso geringer sein, je geringer die Streuungen s_j innerhalb der einzelnen Stichproben sind.
- Die Streuung wird umso geringer sein, je größer der jeweilige Stichprobenumfang n_j ist.

Eine Untersuchung, die mehrere Stichproben umfasst, liefert ein genaueres Bild von den wahren Parametern der Grundgesamtheit, als es eine Einzelstudie vermag.[6] Sie werden, z. B. in der Marktforschung, zu einer Untersuchungsfrage vermutlich nur eine Stichprobe

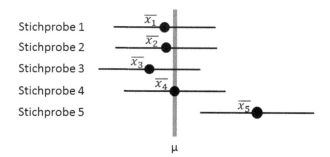

Abb. 13.2 Verteilung der Stichprobenmittelwerte und wahrer Mittelwert

---

[5] Das muss nicht immer so sein. Manchmal ist es besser, sogenannte nichtparametrische oder verteilungsfreie Parameter zu ermitteln, z. B. wenn Sie nur sehr wenige Werte $n \leq 7$ untersuchen und Sie sicher sind, das die Grundgesamtheit nicht normalverteilt ist. Der Median und der Quartilsabstand sind solche Parameter. Sogenannte nichtparametrische induktive Statistik sprengt jedoch den Rahmen dieses Buchs.

[6] Eine Zusammenfassung mehrerer Einzelstudien heißt Metastudie.

auswählen. Dann sind Sie gezwungen, aus dieser einen Stichprobe mit Anzahl n, Mittelwert $\bar{x}$ und Standardabweichung s die Eigenschaften der Grundgesamtheit μ und σ zu schätzen. Um den möglichen Fehler e der Schätzung für μ angeben zu können, müssen Sie wissen, wie die Mittelwerte von Stichproben um den wahren Mittelwert der Grundgesamtheit streuen. Die Streuung, angegeben als Standardabweichung der Stichprobenmittelwerte oder Standardfehler σ_{M} des Mittelwertes μ ist:

$$\sigma_{\mathrm{M}} = \frac{s}{\sqrt{n}} \tag{13.1}$$

Da die hypothetischen Stichproben aus der gleichen Grundgesamtheit stammen, haben Sie die gleiche Verteilung. Nach dem zentralen Grenzwertsatz sind dann die Mittelwerte normalverteilt. Das liefert Ihnen mit μ und σ_{M} die Informationen, die Sie benötigen, um mit Hilfe von Konfidenzintervallen von der Stichprobe auf die Grundgesamtheit schließen zu können. Schließlich können Sie die Wahrscheinlichkeit, mit der der von Ihnen ermittelte Stichprobenmittelwert vom wahren Mittelwert abweicht, mittels Hypothesentests berechnen. Oder ob der Mittelwertunterschied zweier Stichproben aus zwei Grundgesamtheiten zufällig ist oder auf einen Unterschied der zwei Grundgesamtheiten hinweist.

Konfidenzintervalle

14

14.1 Überblick

Die Wahrscheinlichkeit für eine Realisation einer stetigen Variablen, genau einen bestimmten Wert zu treffen, ist 0. Für eine endliche Wahrscheinlichkeit $P > 0$ müssen Sie ein Intervall um den Wert angeben. Kennen Sie die Intervallgröße, können Sie nach Abschn. 12.1 die Wahrscheinlichkeit $P(x_1 < X < x_2)$ dafür angeben, dass eine Realisation der Zufallsvariablen X in das Intervall $[x_1; x_2]$ fällt.

Sie können auch anders herum vorgehen: Sie legen eine Wahrscheinlichkeit fest und berechnen dann, wie groß das Intervall sein muss, damit eine Realisation mit der gegebenen Wahrscheinlichkeit in dieses Intervall fällt. Das Intervall wird breit sein, wenn Sie eine große Wahrscheinlichkeit festlegen, es kann bei kleinerer Wahrscheinlichkeit schmaler sein.

Wenn Sie den Mittelwert $\bar{x}$ einer Stichprobe kennen, können Sie mit der gleichen Überlegung ermitteln, wie groß das Intervall um den wahren Mittelwert μ sein muss, damit der Mittelwert $\bar{x}$ bei einer festgelegten Wahrscheinlichkeit in das Intervall fällt. Aus Symmetriegründen ist es die gleiche Fragestellung, ob der wahre Mittelwert im Intervall um den Stichprobenmittelwert liegt.

Dieses Intervall heißt Konfidenzintervall oder Vertrauensbereich.

Konfidenzintervalle können einseitig oder beidseitig begrenzt sein. Sie können Konfidenzintervalle für Mittelwerte und für Anteilswerte angeben. Wenn Sie die Wahrscheinlichkeit erhöhen oder die Größe des Konfidenzintervalls verringern wollen, müssen Sie den Stichprobenumfang n vergrößern.[1]

---

[1] Das ist bei empirischen Untersuchungen mit höheren Kosten verbunden.

© Springer-Verlag GmbH Deutschland 2017
C. Brell, J. Brell, S. Kirsch, *Statistik von Null auf Hundert*, Springer-Lehrbuch,
DOI 10.1007/978-3-662-53632-2_14

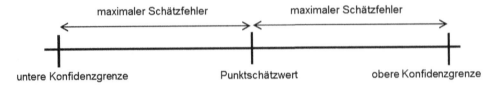

Abb. 14.1 Punktschätzung und Schätzfehler

14.2 Punktschätzung und Intervallschätzung

Wenn Sie den wahren Mittelwert μ nicht kennen, so schätzen Sie μ durch den Stichprobenmittelwert $\bar{x}$. $\bar{x}$ ist der sogenannte Schätzer oder Punktschätzwert für den wahren Mittelwert. Die Wahrscheinlichkeit, dass mit $\bar{x} = \mu$ der Schätzer den wahren Mittelwert genau trifft, ist Null. Sie können aber ein Intervall um den Punktschätzwert wie in Abb. 14.1 angeben, in dem der wahre Mittelwert mit einer festgelegten Wahrscheinlichkeit liegen wird. Dieses Intervall heißt Konfidenzintervall oder Vertrauensbereich für den Erwartungswert. Für einen Anteilswert p können Sie ebenfalls ein Konfidenzintervall ermitteln.

14.3 Konfidenzintervall für den Erwartungswert

Der Abstand der unteren Konfidenzgrenze bzw. der oberen Konfidenzgrenze vom Schätzwert heißt maximaler Schätzfehler e.

Die Stichprobenmittelwerte streuen um den wahren Mittelwert mit der Standardabweichung des Mittelwertes σ_M. Die Größe des Schätzfehlers ist proportional zu σ_M. Die Stichprobenmittelwerte sind nach dem zentralen Grenzwertsatz um den wahren Mittelwert normalverteilt. Um die Intervallgrenzen für eine von Ihnen festgelegte Wahrscheinlichkeit P zu bestimmen, legen Sie die Intervallgrenzen $[x_1; x_2]$ für die Normalverteilung mit den Parametern μ und σ_M so fest, dass die Fläche unter der Dichtefunktion $f(x)$ innerhalb des Intervalls genau der festgelegten Wahrscheinlichkeit entspricht.

Als Vorgabe für die Wahrscheinlichkeit hat sich in der Praxis ein Wert von $P = 95\,\%$ für empirische Studien in der Sozial- und Markforschung etabliert. Für Untersuchungen mit Medikamenten finden Sie auch $P = 99\,\%$. Die Wahrscheinlichkeit bezeichnet man mit $P = 1 - \alpha$. α heißt Signifikanzniveau.

Beidseitig begrenztes Konfidenzintervall

Wenn die Intervallgrenzen einen Bereich der Dichtefunktion um den Stichprobenmittelwert $\bar{x}$ angeben, der die der Wahrscheinlichkeit entsprechende Fläche $1 - \alpha$ hat, so ist die Fläche unter der Dichtefunktion rechts und links außerhalb des Intervalls jeweils $\frac{\alpha}{2}$. Dieser Sachverhalt ist in Abb. 14.2 skizziert.

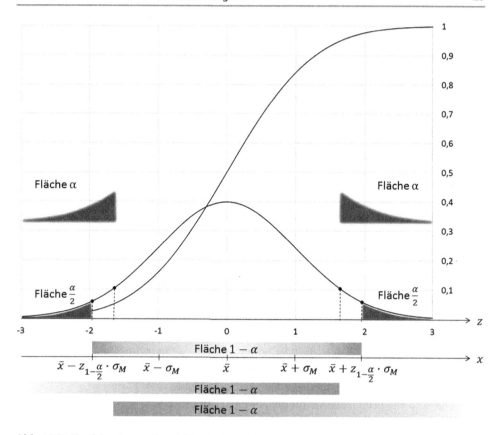

Abb. 14.2 Konfidenzintervall und Standardnormalverteilung

Der wahre Mittelwert μ wird mit einer Wahrscheinlichkeit $P(x_1 \leq \mu \leq x_1) = 1 - \alpha$ in diesem Intervall liegen. Es bleibt, die Intervallgrenzen mit der Vorgabe $P = 1 - \alpha$ zu bestimmen.

Dazu müssten Sie die Umkehrfunktion der Stammfunktion berechnen und die Wahrscheinlichkeiten $\frac{\alpha}{2}$ und $1 - \frac{\alpha}{2}$ einsetzen. Das ist ein schwer lösbares Unterfangen. Die Rechnung vereinfacht sich, da die Stammfunktion $F(z)$ der Standardnormalverteilung als Tabelle in Abschn. 18.2 vorliegt. Es genügt, die z-Werte herauszusuchen und dann mittels umgekehrter z-Transformation wie in Abschn. 12.4 auf x_1 und x_2 zurückzurechnen. Die z-Transformation lautet $z = \frac{x - \bar{x}}{\sigma_M}$, daraus folgt $x_1 = \bar{x} + z_1 \cdot \sigma_M$ und $x_2 = \bar{x} + z_2 \cdot \sigma_M$. Aufgrund der Symmetrie der Standardnormalverteilung ist $z_{1-\frac{\alpha}{2}} = z_2 = -z_1$, damit ergibt sich für die Wahrscheinlichkeit des Konfidenzintervalls:

$$P(\bar{x} - z_{1-\frac{\alpha}{2}} \cdot \sigma_M \leq \mu \leq \bar{x} + z_{1-\frac{\alpha}{2}} \cdot \sigma_M) = 1 - \alpha \tag{14.1}$$

mit den Intervallgrenzen des Intervalls $[\bar{x} - z_{1-\frac{\alpha}{2}} \cdot \sigma_M; \bar{x} + z_{1-\frac{\alpha}{2}} \cdot \sigma_M]$.

Kochrezept Konfidenzintervall um Mittelwert

- Sie benötigen eine Stichprobe mit n Objekten als Auswahl aus einer Grundgesamtheit, den Mittelwert $\bar{x}$ und die Standardabweichung s Ihrer Stichprobe.
- Legen Sie die Wahrscheinlichkeit $P = 1 - \alpha$ fest, mit der der wahre Mittelwert μ im Intervall liegen soll.
- Berechnen Sie die Standardabweichung des Mittelwertes mit $\sigma_M = \frac{s}{\sqrt{n}}$.
- Suchen Sie aus der Standardnormalverteilungstabelle den zur Wahrscheinlichkeit $P = 1 - \alpha$ passenden z-Wert heraus. Das ist $z_{1-\frac{\alpha}{2}}$, weil Sie ein beidseitig begrenztes Intervall betrachten.
- Berechnen Sie den maximalen Schätzfehler $e = \sigma_M \cdot z_{1-\frac{\alpha}{2}}$.
- Berechnen Sie die Intervallgrenzen $x_1 = \bar{x} - e$ und $x_2 = \bar{x} + e$. Der wahre Mittelwert liegt dann mit einer Wahrscheinlichkeit von $P = 1 - \alpha$ im Intervall $\mu \in [x_1; x_2]$.

Beispiel Konfidenzintervall um den Mittelwert

Sie wollen für Ihre neue Apfelsorte herausfinden, innerhalb welchen Bereichs sich das mittlere Apfelgewicht für alle Ihre geernteten Äpfel im Jahr 2014 mit 90 %-iger Wahrscheinlichkeit ($P = 1 - \alpha = 0,9$) bewegen wird. Sie entnehmen der Gesamternte eine Stichprobe von $n = 100$ Äpfeln. Die Äpfel der Stichprobe zeigen ein mittleres Gewicht von $\bar{x} = 192\,\mathrm{g}$. Die Standardabweichung beträgt $s = 73\,\mathrm{g}$.

Das sind alle Daten, die Sie für die Abschätzung benötigen.

Sie berechnen die Standardabweichung des Mittelwertes $\sigma_M = \frac{s}{\sqrt{n}} = \frac{73\,\mathrm{g}}{10} = 7,3\,\mathrm{g}$.

Sie suchen aus der Tabelle für die Standardnormalverteilung in Abschn. 18.2 den z-Wert für $1 - \frac{\alpha}{2} = 0,95$. Sie müssen zwischen zwei benachbarten Werten interpolieren, da genau dieser Wert nicht in der Tabelle steht: $z_{0,95} = \frac{1}{2} \cdot (1,640 - 1,650) = 1,645$.[2]

Sie berechnen den Standardfehler mit $e = z_{1-\frac{\alpha}{2}} \cdot \sigma_M = 1,645 \cdot 7,3\,\mathrm{g} \sim 12\,\mathrm{g}$. Dann können Sie das Konfidenzintervall angeben mit $[192\,\mathrm{g} - 12\,\mathrm{g}; 192\,\mathrm{g} + 12\,\mathrm{g}] = [180\,\mathrm{g}; 204\,\mathrm{g}]$.

Ihren Kunden können Sie versprechen, dass Ihre Äpfel mit 90 %-iger Wahrscheinlichkeit ein Gewicht zwischen 180 g und 204 g haben.

Einseitig begrenztes Konfidenzintervall

Wenn Sie sich lediglich für eine Obergrenze oder eine Untergrenze für Ihren wahren Mittelwert interessieren, dann kann das Konfidenzintervall zur anderen Seite hin unbegrenzt sein. Im Folgenden wird nur eine Untergrenze betrachtet, die Rechnungen für eine Obergrenze führen Sie analog durch. Wenn Sie die Wahrscheinlichkeit mit $P = 1 - \alpha$ für ein einseitig begrenztes Intervall festlegen, müssen Sie lediglich die untere Intervallgrenze x_1 bestimmen. Die untere Intervallgrenze rückt näher an den Stichprobenmittelwert heran,

---

[2] Die beiden Werte für die Wahrscheinlichkeiten, 0,94950 und 0,95053, sind in der Tabelle fett gedruckt. So finden Sie sie leicht wieder, diese Werte werden häufig verwendet.

da das Intervall nach oben unbegrenzt ist, die überdeckte Wahrscheinlichkeit aber gleich bleibt. In Abb. 14.2 ist der Sachverhalt mit den grauen Verlaufsbalken angedeutet. Die Fläche unter dem rechten Ausläufer der Standardnormalverteilung trägt zur Fläche und damit zur Wahrscheinlichkeit bei. Somit muss auf der linken Seite etwas Fläche eingespart werden. Damit diese Bedingung erfüllt ist, ist der Abstand der unteren Intervallgrenze zum Stichprobenmittelwert entsprechend kleiner mit $e = z_{1-\alpha} \cdot \sigma_M$.

Beispiel einseitig begrenztes Konfidenzintervall

Sie wollen für Ihre neue Apfelsorte herausfinden, oberhalb von welchem Wert sich das mittlere Apfelgewicht für alle Ihre geernteten Äpfel im Jahr 2014 mit 90 %-iger Wahrscheinlichkeit ($P = 1 - \alpha = 0{,}9$) bewegen wird. Die Berechnung verläuft zunächst genauso wie für das beidseitig begrenzte Konfidenzintervall.

Sie entnehmen der Gesamternte eine Stichprobe von $n = 100$ Äpfeln. Die Äpfel der Stichprobe zeigen ein mittleres Gewicht von $\bar{x} = 192$ g. Die Standardabweichung beträgt $s = 73$ g.

Das sind alle Daten, die Sie für die Abschätzung benötigen.

Sie berechnen die Standardabweichung des Mittelwertes $\sigma_M = \frac{s}{\sqrt{n}} = \frac{73\,\text{g}}{10} = 7{,}3$ g.

Sie suchen aus der Tabelle für die Standardnormalverteilung in Abschn. 18.2 den z-Wert für $1 - \alpha = 0{,}90$. Die Wahrscheinlichkeit $P = \alpha$, dass der wahre Mittelwert kleiner als $\bar{x} - e$ ist, entspricht der Fläche des linken Ausläufers der Standardnormalverteilung. In Abb. 14.2 ist das mit der grauen Fläche unter „Fläche $1 - \alpha$" angedeutet. Aus der Tabelle interpolieren Sie für eine Wahrscheinlichkeit von $P = 0{,}9$ den Wert $z_{1-\alpha} \sim 1{,}282$.

Sie berechnen den Standardfehler mit $e = z_{1-\alpha} \cdot \sigma_M = 1{,}282 \cdot 7{,}3$ g $\sim 9{,}36$ g. Dann können Sie das Konfidenzintervall angeben mit $[192\,\text{g} - 9{,}36\,\text{g}; \infty] = [182{,}64\,\text{g}; \infty]$.

Ihren Kunden können Sie versprechen, dass Ihre Äpfel mit 90 %-iger Wahrscheinlichkeit ein Gewicht größer als 182,64 g haben.

14.4 Konfidenzintervall für den Anteilswert

In vielen Fällen fragen Sie nicht nach einem Mittelwert, sondern nach einem Prozentsatz in der Grundgesamtheit. Das kann die Ausschussquote in der Produktion, die Zuverlässigkeit von Zustelldiensten, oder eine Fragestellung im Marketing oder Sozialwesen nach dem Anteil der spendenbereiten Menschen sein. Auch hier können Sie den Anteil z. B. aufgrund der Größe der Grundgesamtheit nicht deskriptiv bestimmen, sondern sind auf die Schätzung des wahren Anteils mit Hilfe einer Stichprobe angewiesen.

In der Stichprobe können Merkmalsträger eine Eigenschaft haben oder nicht, nach dem Anteil derjenigen, die die Eigenschaft haben, ist gefragt. Der Anteil entspricht nach der klassischen Definition der Wahrscheinlichkeit aus Abschn. 9.2 $P_{\text{hat Eigenschaft}} = p$. Die Wahrscheinlichkeit, dass ein Merkmalsträger die Eigenschaft nicht hat, ist $P_{\text{hat Eigenschaft nicht}} = q = 1 - p$. Wenn Sie von einer großen Grundgesamtheit ausgehen, wird sich die Wahrscheinlichkeit durch Ziehen der Stichprobe nicht ändern. Damit liegt ein Bernoulli-Experiment wie in Abschn. 11.1 vor.

Den wahren Anteil p in der Grundgesamtheit schätzen Sie analog zur Schätzung des Erwartungswertes mit dem Anteil in der Stichprobe, der zur Unterscheidung mit $\hat{p}$ bezeichnet wird. Die Variable ist binomialverteilt, da es sich um ein Bernoulli-Experiment handelt. (11.7) liefert Ihnen die Standardabweichung für eine diskrete Zufallsvariable bei n Versuchen mit $\sigma_{\text{binomialverteilt}} = \sqrt{n \cdot p \cdot q} = \sqrt{n \cdot p \cdot (1 - p)}$. Je Versuch wäre das eine Standardabweichung der Wahrscheinlichkeit von $\sigma_{\hat{p}} = \frac{\sigma_{\text{binomialverteilt}}}{n} = \sqrt{\frac{p(1-p)}{n}}$. Die Stichprobe muss der Approximationsbedingung

$$n \cdot \hat{p} \cdot (1 - \hat{p}) > 9 \tag{14.2}$$

genügen, damit Sie so rechnen können. Bei moderaten Wahrscheinlichkeiten zwischen 0,1 und 0,9 erreichen Sie dies mit einer Anzahl $n \geq 30$. Damit können Sie die Rechnung analog zu den Konfidenzintervallen für den Erwartungswert durchführen, und es ergibt sich für die Wahrscheinlichkeit des Konfidenzintervalls für den Anteilswert:

$$P\left(\hat{p} - z_{1-\frac{\alpha}{2}} \cdot \sigma_{\hat{p}} \leq p \leq \hat{p} + z_{1-\frac{\alpha}{2}} \cdot \sigma_{\hat{p}}\right) \tag{14.3}$$

Beispiel Konfidenzintervall für den Anteilswert

Sie wollen für Ihre neue Apfelsorte herausfinden, welcher Anteil der Äpfel mit 95 %-iger Wahrscheinlichkeit ein Gewicht von größer als 200 g hat. Sie entnehmen der Gesamternte eine Stichprobe von $n = 100$ Äpfeln und zählen aus. 20 Äpfel haben ein Gewicht von über 200 g, 80 Äpfel wiegen 200 g oder weniger. (Das Beispiel kann genauso mit defekten und funktionsfähigen Computerchips durchgeführt werden.)

Der Schätzer für den Anteil ist damit $\hat{p} = \frac{20}{100} = 0,02$. Die Approximationsbedingung $n \cdot \hat{p} \cdot (1 - \hat{p}) = 100 \cdot 0,2 \cdot 0,8 = 16 > 9$ ist erfüllt.

Die Standardabweichung des Anteilswertes ist $\sigma_{\hat{p}} = \sqrt{\frac{p(1-p)}{n}} = \sqrt{\frac{0,2 \cdot 0,8}{100}} = 0,04$. Sie suchen aus der Tabelle für die Standardnormalverteilung in Abschn. 18.2 den z-Wert für $1 - \frac{\alpha}{2} = 0,975$. Der Wert ist, da man ihn häufig braucht, fett gedruckt und kann direkt abgelesen werden mit $z_{0,975} = 1,96$.

Sie berechnen den Standardfehler mit $e = z_{1-\frac{\alpha}{2}} \cdot \sigma_{\hat{p}} = 1,96 \cdot 0,04 \sim 0,078$. Dann können Sie das Konfidenzintervall für den Anteilswert angeben mit $p \in [0,2 - 0,078; 0,2 + 0,078] = [13,2\%; 27,8\%]$.

14.5 Ermittlung des Stichprobenumfangs

Empirische Untersuchungen kosten Geld. Je größer die Stichprobe, desto höher die Kosten. Das Ziel ist, eine gewünschte Aussage mit einer möglichst geringen Anzahl von Fällen zu erhalten. Das Konzept der Konfidenzintervalle liefert das Werkzeug, um den minimalen Stichprobenumfang berechnen zu können. Der Schlüssel ist der schon verwendete Schätzfehler:

$$e = z_{\text{Wahrscheinlichkeit}} \cdot \frac{\sigma}{\sqrt{n}} \quad \Rightarrow$$

$$n = \left(\frac{z_{\text{Wahrscheinlichkeit}} \cdot \sigma}{e} \right)^2 \tag{14.4}$$

Eine wichtige Erkenntnis, die Sie aus dem unteren Teil von (14.4) ziehen können: Wenn Sie irgend etwas verändern wollen, müssen Sie n immer im Quadrat verändern. Ein Halbierung des Schätzfehlers zum Beispiel erfordert eine Vervierfachung des Stichprobenumfangs. Eine Erhöhung der Wahrscheinlichkeit um 5 Prozentpunkte von 90 % auf 95 % erhöht z bei beidseitiger Begrenzung des Vertrauensintervalls von 1,645 auf 1,96, das bedeutet eine Erhöhung des Stichprobenumfangs um den Faktor 1,42.

14.6 Kleiner Stichprobenumfang

Bisher wurde von größeren Stichprobenumfängen $n > 30$ ausgegangen. Für sehr kleine Stichprobenumfänge sind die Rechnungen ungenau. Exakt können sie gerechnet werden, wenn Sie statt der Standardnormalverteilung die Student-t-Verteilung verwenden. Ersetzen Sie in den Formeln für die Konfidenzintervalle den z-Wert einfach durch den Tabellenwert aus der Student-t-Tabelle, der zur Unterscheidung hier $t_{\text{DF; Wahrscheinlichkeit}}$ genannt wird. Sie müssen lediglich noch die Anzahl der Freiheitsgrade DF $= n - 1$ mit einbeziehen.

Beispiel kleiner Stichprobenumfang

Für drei Stichprobenumfänge werden die Berechnungen der einseitigen Konfidenzintervalle für die exakte Berechnung mit der Student-t-Tabelle und der Annäherung durch die Standardnormalverteilungstabelle gegenübergestellt.

Sie wollen für Ihre neue Apfelsorte herausfinden, oberhalb welchen Wertes sich das mittlere Apfelgewicht für alle Ihre geernteten Äpfel im Jahr 2014 mit 97,5 %-iger Wahrscheinlichkeit ($P = 1 - \alpha = 0,975$) bewegen wird. Sie entnehmen der Gesamternte drei Stichproben von $n_1 = 3$, $n_2 = 9$ und $n_3 = 27$ Äpfeln. Die Äpfel der Stichprobe zeigen ein mittleres Gewicht von $\bar{x} = 192$ g. Die Standardabweichungen betragen $s_1 = 52$ g, $s_2 = 13$ g und $s_3 = 4$ g.

Das sind alle Daten, die Sie für die Abschätzung benötigen.

Die Berechnungsergebnisse sind in der nachfolgenden Tabelle zusammengestellt. Alle Ergebnisse wurden auf zwei Nachkommastellen gerundet. Zu beachten sind die stark unterschiedliche Standardabweichungen, die aus den Faktoren $\frac{1}{n_j-1}$ herrühren:

	Stichprobe 1	Stichprobe 2	Stichprobe 3
Anzahl n_j	3	9	27
Mittelwert $\bar{x}_j$	192	192	192
Standardabweichung s	52	13	4
σ_M	30,02	4,33	0,77
Wahrscheinlichkeit	0,975	0,975	0,975
z	1,96	1,96	1,96
DF_j	2	8	26
t	4,30	2,31	2,06
Untere Grenze für z	133,16	183,51	190,49
Untere Grenze für t	62,91	182,00	190,41

Sie sehen, dass die untere Grenze für kleine Stichprobenumfänge n sehr unterschiedlich ist, je nachdem, ob Sie mit der Standardnormalverteilungstabelle oder der Student-t-Tabelle rechnen. Bereits für $n = 27$ ist der Unterschied sehr gering.

Hypothesentests

15.1 Überblick

Hypothesen sind Annahmen über Eigenschaften von Grundgesamtheiten. Um die Hypothesen zu prüfen, müssten Sie die komplette Grundgesamtheit deskriptiv statistisch untersuchen. Das ist oft schon aufgrund der Größe der Grundgesamtheit nicht möglich. Der Ausweg: Sie prüfen die Eigenschaften einer Stichprobe und schließen auf die Grundgesamtheit, wie im Kap. 13.

Eine Hypothese können Sie, wie im Kap. 14 bei den Konfidenzintervallen angedeutet, nur mit der Angabe einer Wahrscheinlichkeit für die Gültigkeit bestätigen. Bei den Konfidenzintervallen bestimmen Sie Intervalle um den Stichprobenmittelwert, innerhalb derer der wahre Mittelwert mit einer gegebenen Wahrscheinlichkeit liegt. Beim Hypothesentest prüfen Sie, mit welcher Wahrscheinlichkeit ein Stichprobenmittelwert im Konfidenzintervall um den behaupteten Mittelwert liegt, ob die Mittelwerte zweier Stichproben derart überlappende Konfidenzintervalle haben, dass sie nicht unterschiedlich sind, oder dass der Anteil in einer Stichprobe vom behaupteten Anteil abweicht. Das Konzept der Konfidenzintervalle wenden Sie an, um Hypothesen zu prüfen. Gehen Sie dabei in der folgenden Reihenfolge vor:

1. Sie formulieren die Hypothese eindeutig als Gegenhypothese und Nullhypothese.
2. Sie legen die Wahrscheinlichkeit $P = 1 - \alpha$ fest, meist 95 % oder 99 %. α ist Ihr Signifikanzniveau. Ihre Hypothese ist auf dem Niveau α signifikant, wenn von sehr vielen Stichproben ein Anteil von mehr als $1 - \alpha$ die Hypothese bestätigen und ein Anteil von weniger als α die Hypothese nicht bestätigen würden.
3. Sie bilden die Konfidenzintervalle und schauen, ob die Nullhypothese verworfen werden kann oder ob sie beibehalten werden muss. Dies erfolgt in einem Zwischenschritt über die Berechnung einer Prüfgröße $T_{\text{Prüf}}$.
4. Wenn Sie die Nullhypothese verwerfen können, so nehmen Sie Ihre Gegenhypothese auf dem Signifikanzniveau α an.

© Springer-Verlag GmbH Deutschland 2017

C. Brell, J. Brell, S. Kirsch, *Statistik von Null auf Hundert*, Springer-Lehrbuch,

DOI 10.1007/978-3-662-53632-2_15

Sie können die Gegenhypothese nicht direkt bestätigen, der „Beweis" funktioniert über das Ablehnen der Nullhypothese.

15.2 Nullhypothese und Gegenhypothese

Zu einer Hypothese gelangen Sie mit hypothesengenerierenden Methoden. Das kann eine Vorstudie sein, bei der Sie eine lebensweltliche Annahme[1] durch eine Stichprobe zu einer Hypothese ausbauen. Weitere hypothesengenerierende Methoden sind Korrelationsanalysen mit vielen Variablen. Wenn Sie zu einer Hypothese gekommen sind, bauen Sie die Hypothese in ein prüfbares Format, in eine mathematische Formulierung um.

Gegenhypothese
Die Gegenhypothese oder Alternativhypothese ist die eigentliche Hypothese und wird mit H_1 bezeichnet. Die Gegenhypothese ist eine Unterstellung, eine Behauptung, ein Angriff, formuliert einen Unterschied zwischen zwei Grundgesamtheiten mit $\bar{x}_1$ und $\bar{x}_2$ oder die Abweichung vom bisher angenommenen Mittelwert μ einer Grundgesamtheit. So wie Sie beidseitig begrenzte Konfidenzintervalle und einseitig begrenzte Konfidenzintervalle kennen gelernt haben, kann es ungerichtete – Sie behaupten, etwas ist ungleich – und gerichtete – Sie behaupten, etwas ist größer oder etwas ist kleiner – Gegenhypothesen geben. Leicht lässt sich das an Beispielen verdeutlichen:

- H_1: $\bar{x} \neq \mu$, ungerichtete Gegenhypothese, es wird der Erwartungswert der Grundgesamtheit μ in Zweifel gezogen. Sie haben noch keine Vermutung, ob der Erwartungswert größer oder kleiner als der althergebrachte Wert ist.
- H_1: $\bar{x} < \mu$, gerichtete Gegenhypothese, es wird in Zweifel gezogen, dass der Erwartungswert den althergebrachten Wert erreicht. Ein Beispiel wären die Äpfel aus Abschn. 14.3. Ein Kunde könnte die Gegenhypothese aufstellen, dass Ihre Äpfel im Schnitt die 192 g nicht erreichen, also zu leicht sind.
- H_1: $\bar{x} > \mu$, gerichtete Gegenhypothese, es wird behauptet, dass der Erwartungswert den althergebrachten Wert übersteigt. Ein Beipiel wäre, wenn Sie der Benzinverbrauchsangabe μ des Herstellers für Ihren neuen PKW nicht glauben und einen höheren Verbrauch vermuten.
- H_1: $\hat{p} < p$, gerichtete Gegenhypothese, es wird behauptet, dass der Erwartungswert für den Anteil unter dem althergebrachten Wert p liegt. Ein Beispiel wäre die Lieferzuverlässigkeit eines Paketdienstes. Der Paketdienst behauptet, $p = 95\,\%$ der Lieferungen kommen am Folgetag an, Sie vermuten, dass der Anteil termintreu gelieferter Sendungen geringer ist mit $\hat{p} < 95\,\%$.

---

[1] Die Vorstudie: Befragen Sie sieben hellhäutige Menschen und sieben dunkelhäutige Menschen, wie viel Sonnenschutzmittel sie im Jahr 2013 gekauft haben. Die Hypothese: Hellhäutige Menschen kaufen mehr Sonnenschutzmittel als dunkelhäutige Menschen.

- H_1: $\bar{x}_1 > \bar{x}_2$, gerichtete Gegenhypothese für einen Mittelwertvergleich zweier Grundgesamtheiten. Ein Beispiel wäre der Sonnenschutzmittelverbrauch von hellhäutigen Menschen (Grundgesamtheit 1) und dunkelhäutigen Menschen (Grundgesamtheit 2).

Nullhypothese

Die Nullhypothese stellen Sie auf, wenn Sie die Gegenhypothese formuliert haben. Die Nullhypothese geht immer davon aus, dass es keinen Unterschied gibt und der Unterschied, den Sie mit Ihrer Stichprobe ermittelt haben, zufällig ist, z. B.:

- H_0: $\bar{x} = \mu$ bei H_1: $\bar{x} \neq \mu$
- H_0: $\hat{p} = p$ bei H_1: $\hat{p} \neq p$
- H_0: $\bar{x}_1 \geq \bar{x}_2$ bei H_1: $\bar{x}_1 < \bar{x}_2$

15.3 Test auf Erwartungswert

Der Hypothesentest auf den Erwartungswert (oder auch Test auf wahren Mittelwert) stellt den bisher behaupteten Mittelwert μ der Grundgesamtheit in Frage. Für die folgenden Kochrezepte und Beispiele sind:

μ: althergebrachter, behaupteter Mittelwert der Grundgesamtheit.
σ: Standardabweichung der Grundgesamtheit. Meist nicht bekannt.
$\bar{x}$: Mittelwert einer Stichprobe aus der Grundgesamtheit.
s: Standardabweichung der Stichprobe.

Im Folgenden können drei Fälle unterschieden werden, die Auswirkung auf die zu verwendende Verteilungstabelle haben. Im ersten allgemeinen Fall rechnen Sie mit der Student-t-Tabelle, in den anderen Fällen können Sie näherungsweise mit der Standardnormalverteilungstabelle rechnen.

1. Kleine Stichprobe oder unbekannte Verteilung der Grundgesamtheit, Standardabweichung nicht bekannt: Student-t-Tabelle
2. Kleiner Stichprobenumfang, Grundgesamtheit normalverteilt, Standardabweichung σ bekannt: Standardnormalverteilungstabelle als Näherungsverfahren möglich.
3. Großer Stichprobenumfang (meist $n > 30$): Standardnormalverteilungstabelle als Näherungsverfahren möglich.

Wie bei den Konfidenzintervallen müssen Sie zunächst unterscheiden, ob Sie eine einseitige, gerichtete Gegenhypothese oder eine ungerichtete, beidseitige Gegenhypothese aufstellen. Im Falle der ungerichteten Hypothese suchen Sie den Wert $t_{\mathrm{DF};1-\frac{\alpha}{2}}$ in der Student-t-Tabelle, im Fall der gerichteten Hypothese den Wert $t_{\mathrm{DF};1-\alpha}$. Entsprechend bei näherungsweise Verwendung der Standardnormalverteilungstabelle suchen Sie $z_{1-\frac{\alpha}{2}}$ oder $z_{1-\alpha}$.

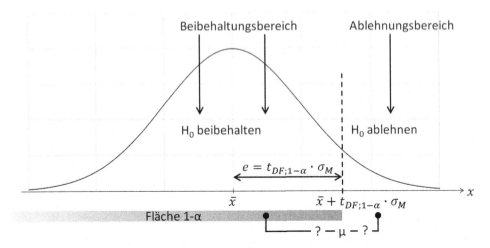

Abb. 15.1 Hypothesentest auf den Erwartungswert, Beispiel für gerichteten Test

Prinzip der Hypothesenprüfung

Die Prüfung selbst erfolgt über die Konfidenzintervalle: Sie überprüfen, ob μ im Konfidenzintervall um den Stichprobenmittelwert $\bar{x}$ liegt. Für den Fall der gerichteten Gegenhypothese H_1: $\bar{x} < \mu$ ist das in Abb. 15.1 dargestellt. Auf der x-Achse ist $\bar{x}$ eingetragen, ebenso die obere Grenze des Konfidenzintervalls $\bar{x} + e$. Auf der y-Achse ist die Dichtefunktion aufgetragen. Der Schätzfehler e wird berechnet mit

$$e = t_{\mathrm{DF};1-\frac{\alpha}{2}} \cdot \sigma_\mathrm{M} \quad \text{für } H_1 \text{ ungerichtet oder}$$

$$e = t_{\mathrm{DF};1-\alpha} \cdot \sigma_\mathrm{M} \quad \text{für } H_1 \text{ gerichtet}$$

mit $\sigma_\mathrm{M} = \frac{s}{\sqrt{n}}$ für den Fall dass σ nicht bekannt, sonst $\sigma_\mathrm{M} = \frac{\sigma}{\sqrt{n}}$.

Wenn $\mu > \bar{x} + e$, können sie H_0 ablehnen und die Gegenhypothese H_1 annehmen.

Das ist anschaulich, jedoch kann für den Test auf Mittelwertunterschied keine ähnlich einfache Darstellung geboten werden. Um dennoch ein einheitliches und einfaches Rechenverfahren für die Entscheidung über die Ablehnung der Nullhypothese angeben zu können, wird die Entscheidung nicht über das Konfidenzintervall direkt, sondern über eine Prüfgröße[2] $T_\mathrm{Prüf}$ getroffen. Die Prüfgröße ist der z-transformierte Stichprobenmittelwert:

$$T_\mathrm{Prüf} = \frac{\bar{x} - \mu}{\sigma_\mathrm{M}} \tag{15.1}$$

Für einen gegebenen behaupteten Erwartungswert μ ist die Prüfvariable T, die Variable der möglichen Prüfgrößen, Student-t-verteilt oder für große n annähernd standardnormalverteilt. Statt über das Konfidenzintervall zu prüfen, ob $\mu > \bar{x} + e = \bar{x} + t_{\mathrm{DF};1-\alpha}$, prüfen

---

[2] Die Prüfgröße heißt synonym auch Teststatistik.

Sie nun mit der z-Transformation und Einsetzen für μ, ob

$$-T_{\text{Prüf}} > t_{\text{DF};1-\alpha}, \quad \text{da} \quad \bar{x} - T_{\text{Prüf}}\,\sigma_{\text{M}} > \bar{x} + t_{\text{DF};1-\alpha}$$

Die konkrete Prüfung reduziert sich auf den Vergleich der Prüfgröße $T_{\text{Prüf}}$ mit dem kritischen Wert $t_{\text{DF};1-\alpha}$ (oder $t_{\text{DF};1-\frac{\alpha}{2}}$) für eine ungerichtete Gegenhypothese oder den entsprechenden z-Werten aus der Standardnormalverteilungstabelle wie im folgenden Kochrezept.

Kochrezept Test auf Erwartungswert

- Bestimmen Sie für Ihre Stichprobe mit Umfang n den Mittelwert $\bar{x}$ und die Standardabweichung s.
- Formulieren Sie die Gegenhypothese und Nullhypothese in der Form

$$H_1\colon \bar{x} \neq \mu \quad \text{und} \quad H_0\colon \bar{x} = \mu \quad \text{(ungerichtet)},$$
$$H_1\colon \bar{x} < \mu \quad \text{und} \quad H_0\colon \bar{x} \geq \mu \quad \text{(gerichtet) oder}$$
$$H_1\colon \bar{x} > \mu \quad \text{und} \quad H_0\colon \bar{x} \leq \mu \quad \text{(gerichtet)}.$$

- Legen Sie ein Signifikanzniveau α fest. Daraus ergibt sich die Wahrscheinlichkeit $P = 1 - \alpha$.
- Schätzen Sie die Standardabweichung des Mittelwertes $\sigma_{\text{M}} = \frac{s}{\sqrt{n}}$ mit der Standardabweichung s der Stichprobe für den Fall, dass die Standardabweichung der Grundgesamtheit nicht bekannt ist oder berechnen Sie alternativ die Standardabweichung des Mittelwertes $\sigma_{\text{M}} = \frac{\sigma}{\sqrt{n}}$ für den Fall, dass die Standardabweichung der Grundgesamtheit bekannt ist.
- Berechnen Sie die Prüfgröße $T_{\text{Prüf}} = \frac{\bar{x}-\mu}{\sigma_{\text{M}}}$.
- Ermitteln Sie aus der Student-t-Tabelle den zur Wahrscheinlichkeit P passenden kritischen Wert:

$$t_{\text{DF};\,1-\frac{\alpha}{2}} \quad \text{für eine ungerichtete Gegenhypothese oder}$$
$$t_{\text{DF};\,1-\alpha} \quad \text{für eine gerichtete Gegenhypothese}$$
$$\text{mit Anzahl der Freiheitsgrade DF} = n - 1$$

oder alternativ aus der Standardnormalverteilungstabelle den zur Wahrscheinlichkeit P passenden kritischen Wert:

$$z_{1-\frac{\alpha}{2}} \quad \text{für eine ungerichtete Gegenhypothese oder}$$
$$z_{1-\alpha} \quad \text{für eine gerichtete Gegenhypothese}$$

wenn die Stichprobengröße $n > 30$ oder die Grundgesamtheit normalverteilt und die Standardabweichung der Grundgesamtheit bekannt ist.

- Vergleichen Sie den kritischen Wert mit der Prüfgröße T und treffen Sie Ihre Entscheidung mit der folgenden Tabelle:

H_1	Prüfergebnis	H_0 ablehnen, H_1 annehmen
$\bar{x}_0 \neq \mu$	$T_{\text{Prüf}} \in \left[-t_{\text{DF};1-\frac{\alpha}{2}};\ t_{\text{DF};1-\frac{\alpha}{2}} \right]$	nein
$\bar{x}_0 \neq \mu$	$T_{\text{Prüf}} \notin \left[-t_{\text{DF};1-\frac{\alpha}{2}};\ t_{\text{DF};1-\frac{\alpha}{2}} \right]$	ja
$\bar{x}_0 < \mu$	$T_{\text{Prüf}} < -t_{\text{DF};1-\alpha}$	ja
$\bar{x}_0 < \mu$	$T_{\text{Prüf}} > -t_{\text{DF};1-\alpha}$	nein
$\bar{x}_0 > \mu$	$T_{\text{Prüf}} < t_{\text{DF};1-\alpha}$	nein
$\bar{x}_0 > \mu$	$T_{\text{Prüf}} > t_{\text{DF};1-\alpha}$	ja

- Wenn Sie H_0 ablehnen, können Sie die Gegenhypothese annehmen. Sie ist dann auf α-Niveau signifikant.

Beispiel Test auf Erwartungswert

Sie vermarkten seit Jahren Ihre neue Apfelsorte zum Stückpreis und sind überzeugt, dass Ihre Äpfel im Schnitt $\mu = 190\,\text{g}$ wiegen. Die Standardabweichung, die Sie mit vielen Tests ermittelt haben, halten Sie geheim. Ein gewerblicher Kunde zweifelt Ihren Mittelwert an und glaubt, dass Ihre Äpfel im Schnitt weniger wiegen. Er hat eine Stichprobe von $n = 25$ Stück ausgemessen und dafür einen Stichprobenmittelwert von $\bar{x} = 179\,\text{g}$ bei einer Standardabweichung von $s = 30\,\text{g}$ ermittelt. Der Kunde setzt ein übliches Signifikanzniveau von $\alpha = 5\,\%$ an. Sie rechnen nun nach, ob die Beschwerde Ihres Kunden gerechtfertigt ist.

- Die Angriffshypothese des Kunden ist gerichtet mit H_1: $\bar{x} < \mu$.
- Die Wahrscheinlichkeit ist $P = 1 - \alpha = 0{,}95$.
- Der Standardfehler des Mittelwertes ist $\sigma_{\text{M}} = \frac{s}{\sqrt{n}} = \frac{30}{\sqrt{25}} = 6\,\text{g}$.
- Damit ist die Prüfgröße $T_{\text{Prüf}} = \frac{\bar{x}-\mu}{\sigma_{\text{M}}} = \frac{179\,\text{g}-190\,\text{g}}{6\,\text{g}} = -1{,}833$.
- Die Anzahl der Freiheitsgrade ist $DF = n - 1 = 24$.
- Der kritische Wert ist $t_{24;\,0,95} = 1{,}711$.

Sie stellen fest: $-T_{\text{Prüf}} = 1{,}833$ ist ganz knapp größer als der kritische Wert $t_{12;\,0,95} = 1{,}711$, somit müssen Sie die Nullhypothese ablehnen und die Angriffshypothese Ihres Kunden annehmen.[3] Lassen Sie sich nicht auf einen Streit mit Ihrem Kunden ein. Gehen Sie lieber den Weg, den viele Hersteller gehen und geben Sie zukünftig einen etwas geringeren Mittelwert an. Oder vermindern Sie die Standardabweichung Ihres Apfelgewichtes.

---

[3] Bei einem Mittelwert von $180\,\text{g}$ hätten Sie die Nullhypothese nicht ablehnen müssen.

EXCEL-Tipp: Wenn Sie sich für den Test Arbeitsblätter aufbauen
wollen, so liefert Excel die Student-t-Tabelle mittels einer Funktion:
=T.INV(Wahrscheinlichkeit;Freiheitsgrade).

15.4   Test auf Anteilswert

Der Hypothesentest für den Anteilswert funktioniert im Prinzip genau so wie der Test auf
den Erwartungswert. Allerdings betrachten Sie nicht das Konfidenzintervall um den Mittelwert, sondern, wie im Abschn. 14.4 beschrieben, einen Prozentsatz der Grundgesamtheit bzw. einer Stichprobe. Sie stellen einen behaupteten Anteilswert der Grundgesamtheit
in Frage. Für die folgenden Kochrezepte und Beispiele sind:

p: althergebrachter, behaupteter Anteil für Merkmalsträger mit einer bestimmten Eigenschaft in der Grundgesamtheit.

$\hat{p}$: Anteil, den Sie aus einer Stichprobe durch Auszählen ermittelt haben.

σ_p: Standardfehler des Anteilswertes.

Sie sollten mit nicht zu kleinen Stichprobenumfängen arbeiten und versuchen, die Approximationsbedingung aus (14.2) zu erfüllen. Im Folgenden wird von ausreichend großen
Stichprobenumfängen ausgegangen und mit der Standardnormalverteilungstabelle gerechnet. Das Kochrezept orientiert sich am Kochrezept für den Erwartungswert, lediglich
der Standardfehler wird wie im Abschn. 14.4 berechnet.

Kochrezept Test auf Anteilswert

- Formulieren Sie die Gegenhypothese und Nullhypothese in der Form

$$H_1: \hat{p} \neq p \quad \text{und} \quad H_0: \hat{p} = \mu \quad \text{(ungerichtet),}$$

$$H_1: \hat{p} < p \quad \text{und} \quad H_0: \hat{p} \geq p \quad \text{(gerichtet) oder}$$

$$H_1: \hat{p} > p \quad \text{und} \quad H_0: \hat{p} \leq p \quad \text{(gerichtet).}$$

- Legen Sie ein Signifikanzniveau α fest. Daraus ergibt sich die Wahrscheinlichkeit
$P = 1 - \alpha$.
- Schätzen Sie die Standardabweichung des Anteilswertes $\sigma_p = \sqrt{\frac{\hat{p}(1-\hat{p})}{n}}$ aus dem
Anteil $\hat{p}$ der Stichprobe.
- Berechnen Sie die Prüfgröße $T_{\text{Prüf}} = \frac{\hat{p}-p}{\sigma_p}$.
- Ermitteln Sie aus der Standardnormalverteilungstabelle den zur Wahrscheinlich-
keit P passenden kritischen Wert:

$$z_{1-\frac{\alpha}{2}} \quad \text{für eine ungerichtete Gegenhypothese oder}$$

$$z_{1-\alpha} \quad \text{für eine gerichtete Gegenhypothese}$$

wenn die Approximationsbedingung erfüllt ist.

- Vergleichen Sie den aus den Tabellen ermittelten kritischen Wert mit der Prüfgröße T und treffen Sie Ihre Entscheidung mit der folgenden Tabelle:

H_1	Prüfergebnis	H_0 ablehnen, H_1 annehmen
$\hat{p} \neq p$	$T_{\text{Prüf}} \in \left[-z_{1-\frac{\alpha}{2}} ; z_{1-\frac{\alpha}{2}} \right]$	nein
$\hat{p} \neq p$	$T_{\text{Prüf}} \notin \left[-z_{1-\frac{\alpha}{2}} ; t_{1-\frac{\alpha}{2}} \right]$	ja
$\hat{p} < p$	$T_{\text{Prüf}} < -z_{1-\alpha}$	ja
$\hat{p} < p$	$T_{\text{Prüf}} > -z_{1-\alpha}$	nein
$\hat{p} > p$	$T_{\text{Prüf}} < z_{1-\alpha}$	nein
$\hat{p} > p$	$T_{\text{Prüf}} > z_{1-\alpha}$	ja

- Wenn Sie H_0 ablehnen, können Sie die Gegenhypothese annehmen. Sie ist dann auf α-Niveau signifikant.

Beispiel Test auf Anteilswert

Sie sind überzeugt, dass nur höchstens $p = 20\,\%$ Ihrer Äpfel weniger als 175 g wiegen. Ein gewerblicher Kunde zweifelt Ihren Anteilswert an und glaubt, dass der Anteil der leichteren Äpfel höher ist. Er hat eine Stichprobe von $n = 60$ Stück ausgemessen und 18 Äpfel leichter als 175 g gewogen, also einen Anteil von $\hat{p} = 30\,\%$. Der Kunde setzt ein übliches Signifikanzniveau von $\alpha = 5\,\%$ an. Sie rechnen nun nach, ob Sie mit Ihrem Kunden streiten wollen.

- Die Gegenhypothese Ihres Kunden ist gerichtet mit H_1: $\hat{p} > p$.
- Die Wahrscheinlichkeit ist $P = 1 - \alpha = 0,95$.
- Der Standardfehler des Anteilswertes ist

$$\sigma_p = \sqrt{\frac{\hat{p}(1 - \hat{p})}{n}} = \sqrt{\frac{0,3(1 - 0,3)}{60}} = 0,0592.$$

- Damit ist die Prüfgröße $T_{\text{Prüf}} = \frac{\hat{p} - p}{\sigma_p} = \frac{0,3 - 0,2}{0,0592} = 1,6903$.
- Die Approximationsbedingung ist erfüllt mit

$$n \cdot \hat{p} \cdot (1 - \hat{p}) = 60 \cdot 0,3 \cdot 0,7 = 12,6 > 9.$$

- Der kritische Wert ist $z_{0,95} = 1,645$.

Sie stellen fest: $T_{\text{Prüf}} = 1,6903$ ist ganz knapp größer als der kritische Wert $z_{0,95} = 1,645$, somit müssen Sie die Nullhypothese ablehnen und die Angriffshypothese Ihres

Kunden annehmen.[4] Lassen Sie sich nicht auf einen Streit ein. Schenken Sie Ihrem Kunden ein paar schwere Äpfel.

15.5   Test auf Mittelwertunterschied

Der Hypothesentest auf Mittelwertunterschied wird oft benötigt. Sie vergleichen zwei Grundgesamtheiten, z. B. hellhaarige Menschen mit dunkelhaarigen Menschen, Produkte aus ökologischem Anbau mit Produkten aus konventionellem Anbau oder den Treibstoffverbrauch von zwei PKW-Typen. Mit dem Konzept der Prüfgröße $T_{\text{Prüf}}$ funktioniert der hier vorgestellte vereinfachte Test analog zum Test auf den Erwartungswert mit drei Unterschieden:

1. Sie ersetzen $\bar{x}$ durch den Mittelwert Ihrer ersten Stichprobe $\bar{x}_1$ und μ durch den Mittelwert Ihrer zweiten Stichprobe $\bar{x}_2$.
2. Sie berechnen eine gemeinsame Standardabweichung der Mittelwerte mit:

$$\sigma_{2M} = \sqrt{\frac{s_1^2}{n_1} + \frac{s_2^2}{n_2}} \tag{15.2}$$

3. Die Anzahl der Freiheitsgrade ist DF $= n_1 + n_2 - 2$.

Damit sind das Kochrezept und auch das nachfolgende Beispiel sehr ähnlich zum Test auf den Erwartungswert.

Kochrezept Test auf Mittelwertunterschied
- Formulieren Sie die Gegenhypothese und Nullhypothese in der Form

$$H_1: \bar{x}_1 \neq \bar{x}_2 \quad \text{und} \quad H_0: \bar{x}_1 = \bar{x}_2 \quad \text{(ungerichtet)},$$
$$H_1: \bar{x}_1 < \bar{x}_2 \quad \text{und} \quad H_0: \bar{x}_1 \geq \bar{x}_2 \quad \text{(gerichtet) oder}$$
$$H_1: \bar{x}_1 > \bar{x}_2 \quad \text{und} \quad H_0: \bar{x}_1 \leq \bar{x}_2 \quad \text{(gerichtet)}.$$

- Legen Sie ein Signifikanzniveau α fest. Daraus ergibt sich die Wahrscheinlichkeit $P = 1 - \alpha$
- Schätzen Sie die gemeinsame Standardabweichung des Mittelwertes $\sigma_{2M} = \sqrt{\frac{s_1^2}{n_1} + \frac{s_2^2}{n_2}}$ mit den Standardabweichungen s_1 und s_2 und den Umfängen n_1 und n_2 der Stichproben

---

[4] Bei nur einem leichten Apfel weniger in der Stichprobe hätten Sie die Nullhypothese nicht ablehnen müssen.

- Berechnen Sie die Prüfgröße $T_{\text{Prüf}} = \frac{\bar{x}_1 - \bar{x}_2}{\sigma_{2M}}$.
- Ermitteln Sie aus der Student-t-Tabelle den zur Wahrscheinlichkeit P passenden kritischen Wert:

$$t_{\text{DF};\,1-\frac{\alpha}{2}} \quad \text{für eine ungerichtete Gegenhypothese oder}$$

$$t_{\text{DF};\,1-\alpha} \quad \text{für eine gerichtete Gegenhypothese}$$

$$\text{mit Anzahl der Freiheitsgrade DF} = n_1 + n_2 - 2.$$

- Vergleichen Sie den aus den Tabellen ermittelten kritischen Wert mit der Prüfgröße T und treffen Sie Ihre Entscheidung mit der folgenden Tabelle:

H_1	Prüfergebnis	H_0 ablehnen, H_1 annehmen
$\bar{x}_1 \neq \bar{x}_2$	$T_{\text{Prüf}} \in \left[-t_{\text{DF};\,1-\frac{\alpha}{2}} ; \, t_{\text{DF};\,1-\frac{\alpha}{2}} \right]$	nein
$\bar{x}_1 \neq \bar{x}_2$	$T_{\text{Prüf}} \notin \left[-t_{\text{DF};\,1-\frac{\alpha}{2}} ; \, t_{\text{DF};\,1-\frac{\alpha}{2}} \right]$	ja
$\bar{x}_1 < \bar{x}_2$	$T_{\text{Prüf}} < -t_{\text{DF};\,1-\alpha}$	ja
$\bar{x}_1 < \bar{x}_2$	$T_{\text{Prüf}} > -t_{\text{DF};\,1-\alpha}$	nein
$\bar{x}_1 > \bar{x}_2$	$T_{\text{Prüf}} < t_{\text{DF};\,1-\alpha}$	nein
$\bar{x}_1 > \bar{x}_2$	$T_{\text{Prüf}} > t_{\text{DF};\,1-\alpha}$	ja

- Wenn Sie H_0 ablehnen, können Sie die Gegenhypothese annehmen. Sie ist dann auf α-Niveau signifikant.

Beispiel Test auf Mittelwertunterschied

Sie kaufen größere Chargen von zwei Birnensorten. Der Großhändler versichert Ihnen, dass die Sorten im Schnitt das Gleiche wiegen. Das können Sie sich nicht vorstellen, haben aber keine Vorstellung davon, welche Sorte schwerer sein könnte. Sie entnehmen von der einen Sorte $n_1 = 14$ und von der anderen Sorte $n_2 = 15$ als Stichproben. Sie ermitteln Mittelwerte und Standardabweichungen mit $\bar{x}_1 = 190\,\text{g}$, $\bar{x}_2 = 175\,\text{g}$, $s_1 = 12\,\text{g}$ und $s_2 = 30\,\text{g}$.

Sie rechnen nun nach, ob es einen signifikanten Mittelwertunterschied gibt.

- Ihre Gegenhypothese ist ungerichtet mit H_1: $\bar{x}_1 \neq \bar{x}_2$.
- Die Wahrscheinlichkeit ist $P = 1 - \alpha = 0{,}95$.
- Der gemeinsame Standardfehler des Mittelwertes ist

$$\sigma_{2M} = \sqrt{\frac{s_1^2}{n_1} + \frac{s_2^2}{n_2}} = \sqrt{\frac{12^2}{14} + \frac{30^2}{15}} = 8{,}3837\,\text{g}.$$

- Damit ist die Prüfgröße $T_{\text{Prüf}} = \frac{\bar{x}_1 - \bar{x}_2}{\sigma_{2M}} = \frac{190\,\text{g} - 175\,\text{g}}{8{,}3837\,\text{g}} = -1{,}789$.

- Die Anzahl der Freiheitsgrade ist DF $= n_1 + n_2 - 2 = 27$.
- Der kritische Wert ist $t_{27;\,0,975} = 2,052$.

Sie stellen fest: $T_{\text{Prüf}} = 1,789$ liegt im Intervall $[-2,052;\ 2,052]$, somit können Sie die Nullhypothese nicht ablehnen. Glauben Sie Ihrem Großhändler.

15.6 Ausblick

Sie haben drei Hypothesentests kennen gelernt, mit denen Sie in der Praxis schon viel anfangen können. Die vorgestellten Tests sind aber nur ein kleiner Ausschnitt der Testmöglichkeiten. Sie können z. B. auf Standardabweichung testen und auf Zusammenhangsmaße. Sie können auch mehr als zwei Stichproben miteinander vergleichen. Wenn Sie sehr kleine Stichprobenumfänge haben, werden Sie auf parameterfreie Testverfahren umsteigen. Für alle diese Fälle können Sie auf eine Vielzahl guter (und umfangreicher) Bücher zurückgreifen. Bevor Sie selber Tests entwickeln, lohnt es sich, in Werke zur Testtheorie (Suchstichworte Testtheorie, Fragebogenkonstruktion) zu schauen. Wenn Sie sich mit empirischen Studien und wenigen Probanden beschäftigen, sollten Sie die parameterfreien Methoden vertiefen (Suchstichworte Statistik für Sozialwissenschaftler, Autor: Bortz). Bei komplexeren Tests mit mehreren Variablen und wenn Sie vertieft Varianzaufklärung betreiben wollen, müssen Sie sich zur Faktorenanalyse und ANOVA vorkämpfen (Suchstichworte: Multivariate Analysemethoden, Autor: Backhaus).

Zum Schluss noch ein ganz allgemeines Kochrezept[5] zur Statistik:

Kochrezept Statistiklernen
- Statistik ist wie Tennisspielen.
- Tennisspielen lernt man nicht durch Lesen von Tennisbüchern, sondern durch Tennisspielen.

www.statistik-von-null-auf-hundert.de

---

[5] Gehen Sie dann zu Fußnote 3 im Vorwort zur ersten Auflage und lesen Sie ab da weiter.

16

Empirische Untersuchung der Studierendenperspektive zur Aufbereitung von Vorlesungsunterlagen in der Lernplattform – Handy vs. Ausdruck

Als Fallbeispiel dient eine Vorstudie[1] an der Hochschule Niederrhein, die zu einer verbesserten Nutzung der neu eingeführten Lernplattform führen soll. Die Vorstudie erhebt in einer Befragung die Sicht der Studierenden, die die eigentlichen „Kunden" der Lernplattform sind. Verglichen wird die Wahrnehmung der Studierenden bezüglich der Aufbereitung der Vorlesungsunterlagen zum einen für die Betrachtung mit dem Smartphone und zum anderen für den Ausdruck auf Papier.

Warum dieses Beispiel?

Anwendungsfälle für induktive Statistik kommen häufig aus der Marktforschung oder aus Disziplinen, die sich mit der empirischen Erforschung der Wirksamkeit von Interventionen (Wirksamkeitsforschung) befassen. An dem im Folgenden aufgezeigten Beispiel lassen sich die wesentlichen Arbeitsschritte bei der Durchführung und bei der Auswertung einer Untersuchung skizzieren. Die Schritte in diesem Beispiel können Sie unmittelbar auf andere Untersuchungen, z. B. im Marketing, übertragen. Es werden zwei unterschiedliche Abschätzungen (Hypothesenprüfung mit dem χ^2-Test und der Hypothesentest auf den Anteilswert) verwendet und bewertet.

Anlass für die Untersuchung „Handy vs. Ausdruck"

In den letzten zwei Jahren wurde beobachtet, dass Studierende in der Vorlesung vermehrt auf ihr Smartphone oder Tablet schauen. Dabei werden nicht nur Freizeit-Apps wie WhatsApp oder Facebook verwendet, sondern meistens die Vorlesung digital mitverfolgt. Dazu nutzen die Studierenden ein vorher in der Lernplattform der Hochschule Niederrhein bereitgestelltes und zur Vorlesung passendes Skript. Diese Beobachtung deckt sich

---

[1] Daten und Ergebnisse sind zum Zeitpunkt der Drucklegung dieses Buches noch nicht veröffentlicht.

© Springer-Verlag GmbH Deutschland 2017
C. Brell, J. Brell, S. Kirsch, *Statistik von Null auf Hundert*, Springer-Lehrbuch,
DOI 10.1007/978-3-662-53632-2_16

mit Erkenntnissen aus anderen Untersuchungen[2]. Andererseits sind viele Lehrende der Meinung, dass Studierende lieber mit ausgedruckten Skripten arbeiten. Oft äußern Studierende gegenüber den Lehrenden den Wunsch nach einem ausgedruckten Skript. Diese Beobachtungen sind der Anlass für die Vorstudie.

Hypothesen

Forschungsmethodisch gibt es hypothesengenerierende und hypothesenprüfende Untersuchungen. Bei hypothesengenerierenden Untersuchungen erhebt man Daten, wertet sie mit Hilfe der deskriptiven Statistik aus, visualisiert sie und versucht damit fundierte Ideen für Zusammenhänge oder Unterschiede (Hypothesen) zu entdecken. Bei hypothesenprüfenden Untersuchungen hat man diese fundierten Ideen schon. Hier kommen die in diesem Buch gezeigten Methoden der induktiven Statistik zur Anwendung. In vielen Fachdisziplinen ist es mittlerweile Konsens, dass man „hypothesengeleitet" arbeitet, das heißt, bei einer hypothesenprüfenden Untersuchung werden vor z. B. einer Befragung die Forschungsfragen als Hypothesen formuliert.

Aus den oben skizzierten Beobachtungen zu Smartphone vs. Ausdruck kann man nun zwei völlig gegensätzliche Hypothesen formulieren, die dann jeweils die Gegenhypothesen H_1 darstellen. Seien im Folgenden x_1 die Anzahl der Studierenden, die sich ein für das Smartphone aufbereitetes Skript wünschen und x_2 die Anzahl der Studierenden, die sich ein für den Druck aufbereitetes Skript wünschen.

Die eine Hypothese, nennen wir sie Hypothese$_{Handy}$, ist: Es wünschen sich mehr Studierende mit Anzahl x_1 ein für das Smartphone aufbereitetes Skript, als sich Studierende mit Anzahl x_2 ein für den Druck aufbereitetes Skript wünschen.

$$\text{Gegenhypothese} \quad H_1: \bar{x}_1 > \bar{x}_2$$
$$\text{und Nullhypothese} \quad H_0: \bar{x}_1 \leq \bar{x}_2 \tag{16.1}$$

Die andere Hypothese, nennen wir sie Hypothese$_{Druck}$, ist: Es wünschen sich mehr Studierende mit Anzahl x_2 ein für den Druck aufbereitetes Skript, als sich Studierende mit Anzahl x_1 ein für das Smartphone aufbereitetes Skript wünschen.

$$\text{Gegenhypothese} \quad H_1: \bar{x}_1 < \bar{x}_2$$
$$\text{und Nullhypothese} \quad H_0: \bar{x}_1 \geq \bar{x}_2 \tag{16.2}$$

---

[2] Z. B. die JIM-Studie: Die jährlich vom Medienpädagogischen Forschungsverbund Südwest (MPFS) erhobenen Daten der Studie Jugend, Information, (Multi-) Media untersucht Jugendliche im Alter von 13–19 Jahren zu ihrem Mediennutzungsverhalten. „Hier zeigt sich, dass die Quote der Haushalte, in denen Jugendliche leben, die mit Computern, Internet und Handys ausgestattet sind, in den seit Beginn der Erhebung von einem einstelligen Prozentbetrag auf über 90 Prozent gestiegen ist" (Zorn, Isabel (2014): Lernen mit digitalen Medien. Zur Gestaltung der Lernszenarien. In: Gundolf S. Freyermuth, Lisa Gotto und Fabian Wallenfels (Hrsg.): Serious Games, Exergames, Exerlearning. Zur Transmedialisierung und Gamification des Wissenstransfers, Bd. 2. Bielefeld: transcript (Bild und Bit. Studien zur digitalen Medienkultur, v.2), S. 49–74.).

Untersuchungsdesign

Um die Hypothesen prüfen zu können, müssen nun ausreichend Studierende hinsichtlich ihrer Präferenzen befragt werden[3]. Im Sommersemester 2016 wurden in drei unterschiedlichen Modulen aus unterschiedlichen Studiengängen Studierende mit der Frage „Welche e-Learning-Angebote helfen Ihnen beim Lernen bzw. wünschen Sie sich? (mehrere Antworten möglich)" konfrontiert. Die Studierenden konnten jeweils ein Kreuz setzen bei[4]

- „Folien als PDF speziell fürs Smartphone"
  und bei
- „Folien als PDF speziell für den Ausdruck".

Deskriptive Untersuchungsergebnisse

Es haben insgesamt $n = 142$ Studierende an der Befragung teilgenommen. Dabei haben $x_1 = 26$ Personen (entsprechend einem Anteil $p_1 = \frac{x_1}{n} = 0{,}18$) ein Kreuz bei „Smartphone" und $x_2 = 52$ Personen (entsprechend einem Anteil $p_1 = \frac{x_1}{n} = 0{,}37$, jeweils auf zwei Stellen gerundet) ein Kreuz bei „Ausdruck" gesetzt. Sie konnten allerdings auch beides ankreuzen.

Allein der Augenschein[5] stützt die Hypothese Hypothese$_{\text{Druck}}$.

Prüfung der Hypothese$_{\text{Handy}}$

Die Prüfung der Hypothese Hypothese$_{\text{Handy}}$ geht schnell. Die erhobenen Anzahlen x_1 und x_2 bzw. die Anteile p_1 und p_2 liegen gänzlich im Bereich der Nullhypothese mit $x_1 < x_2$ und $p_1 < p_2$. Auch mit Rechentricks werden Sie es nicht schaffen, die Nullhypothese unwahrscheinlich werden zu lassen. Damit können Sie die Nullhypothese nicht verwerfen und in Folge die Gegenhypothese keinesfalls annehmen.

Prüfung der Hypothese$_{\text{Druck}}$ mit dem χ^2-Test

Zunächst stellen Sie mit den erhobenen Daten eine Tabelle auf, die erfreulicherweise eine 2×2-Tabelle ist. 2×2-Tabellen lassen sich besonders einfach auswerten und liefern schon auf den ersten Blick Indizien, ob eine Hypothese Chancen hat oder nicht. Die Tabelle sieht im Fallbeispiel wie folgt aus:

	Angekreuzt	Nicht angekreuzt	Summe
Für Smartphone	26	116	142
Für Druck	52	90	142
Summe	78	206	284

---

[3] Wie man Fragen formuliert, sollte man in der reichlich vorhandenen Literatur zur Fragebogenkonstruktion nachlesen, z. B. Bühner, Markus (2011): Einführung in die Test- und Fragebogenkonstruktion. 3. aktualisierte und erw. Aufl. München.

[4] Die Untersuchung hatte mehr Ankreuzmöglichkeiten, die aus Sicht der Didaktikforschung interessant sind, aber hier im Beispiel keinen Mehrwert bieten und daher unterschlagen werden.

[5] Augenschein und selbst denken ist wichtig. Wenn ein Berechungsergebnis ein dem Augenschein widersprüchliches Ergebnis zeigt, ist die Gefahr groß, dass ein Rechenfehler vorliegt.

Die Frage ist nun, ob der sichtbare Unterschied in den Anzahlen denn signifikant ist (also nicht zufällig). Dazu berechnen Sie für diese Tabelle den χ^2-Wert wie im Abschn. 7.7 gezeigt[6]. In diesem Fall ergibt das einen Wert von $\chi^2_{\text{prüf}} = 11{,}95$. Das ist von Null verschieden, also scheint es einen Zusammenhang zu geben. Das heißt noch nicht, dass der Effekt signifikant ist, dass Sie also bei einer Wiederholungsuntersuchung mit einer Wahrscheinlichkeit von 95 % eine ähnliches Ergebnis herausbekommen. Das wiederum lässt sich mit dem Wert $\chi^2_{\text{prüf}} = 11{,}95$ nun einfach feststellen, indem Sie den Wert mit dem entsprechenden Tabellenwert aus der χ^2-Tabelle in Abschn. 18[7] vergleichen. Dazu suchen Sie sich aus der Tabelle den passenden Wert $\chi_{\text{Vergleich}}$ mit Freiheitsgrad 1 und gewünschter Wahrscheinlichkeit, in diesem Falle 95 %, heraus und finden den Wert $\chi_{\text{Vergleich}} = 3{,}841$. Damit ist der Prüfwert größer als der Tabellenwert und es liegt ein statistisch signifikanter Unterschied vor. Sie können also mit einer Wahrscheinlichkeit von 95 % erwarten, dass der Anteil x_2 auch in der Grundgesamtheit der Studierenden größer ist.

Ein Tipp: Für 2×2-Tabellen ist $\chi^2_{\text{prüf}} = n \cdot \phi^2$, lässt sich also einfach aus dem Phi-Koeffizienten berechnen. Den Phi-Koeffizienten ermitteln Sie aus der 2×2-Tabelle mit (7.4) in Abschn. 7.6.

Prüfung der Hypothese_Druck mit dem Test auf Anteilswerte
Statt mit dem χ^2-Test kann die Hypothese auch mit den Anteilswerten ähnlich wie im Kochrezept „Test auf Anteilswert" in Abschn. 15.4 getestet werden. Die Anteilswerte können Sie ablesen, wenn Sie die Tabelle mit den absoluten Anzahlen in relative Anzahlen umrechnen. Die Tabelle für die relativen Anzahlen (auf zwei Nachkommastellen gerundet) sieht dann wie folgt aus:

	Angekreuzt	Nicht angekreuzt	Summe
Für Smartphone	0,18	0,82	1
Für Druck	0,37	0,63	1
Summe	0,55	1,45	2

Es ist folglich zu prüfen, ob der augenscheinliche Unterschied $p_1 = 0{,}18 < p_2 = 0{,}37$ bei gegebenem $n = 142$ auf einem Niveau von $1 - \alpha = 0{,}95$ signifikant ist. In Abschn. 15.4 „Test auf Anteilswert" finden Sie die Rechenvorschrift dafür[8]. Zunächst

---

[6] Das macht manuell wenig Freude, auch wenn es lehrreich ist, daher finden Sie auf www.statistik-von-null-auf-hundert.de dazu ein Excel-Arbeitsblatt.

[7] Die χ^2-Tabelle in diesem Buch ist nur ein grober Anhaltspunkt. Bei komplexeren Sachverhalten haben Sie vielleicht mehr Freiheitsgrade oder Zwischenstufen in der Wahrscheinlichkeit. Dann ermitteln Sie den Tabellenwert mit der passenden Excel-Funktion CHIQU.INV(Freiheitsgrad;Wahrscheinlichkeit) oder Sie googeln nach „chi quadrat tabelle" oder nach „chi quadrat rechner".

[8] Einem Mathematiker wird auffallen, dass hier unterschlagen wurde, dass es sich um eine sog. verbundene Stichprobe handelt und die Berechung kein sehr exaktes Ergebnis liefert. Dieser marginale Fehler wird aufgrund der Einfachheit jedoch in Kauf genommen.

sind die Approximationsbedingungen zu prüfen mit

$$n \cdot p_1 \cdot (1 - p_1) = 142 \cdot 0{,}18 \cdot 0{,}82 = 21{,}34 > 9 \quad \text{und}$$
$$n \cdot p_2 \cdot (1 - p_2) = 142 \cdot 0{,}37 \cdot 0{,}63 = 32{,}96 > 9.$$

Sie benötigen weiterhin die gemeinsame Standardabweichung des Anteilswertes $\sigma_p = \sqrt{\frac{p_1 \cdot (1-p_1)}{n} + \frac{p_2 \cdot (1-p_2)}{n}} = 0{,}052$ und berechnen damit nun den Prüfwert $T_{\text{Prüf}} = \frac{p_1 - p_2}{\sigma_p} = -3{,}53$. Der Betrag des Prüfwerts ist größer als der Tabellenwert von $z = 1{,}654$ für eine gerichtete Hypothese, damit kann auch mit diesem Test die Nullhypothese verworfen werden.[9]

Schlussfolgerung

Das Ergebnis der Hypothesentests muss natürlich bewertet, interpretiert und kritisch hinterfragt werden. Aus lediglich einer Berechung mit Methoden der induktiven Statistik ergibt sich noch kein Mehrwert. Die Untersuchung ist eingangs als Vorstudie bezeichnet worden, sie liefert die begründete Hypothese, dass Studierende den Skripten zum Ausdrucken eine höhere Lernwirksamkeit zuordnen als den Skripten für das Smartphone.

Das Mittel der Wahl bei Untersuchungen, bei denen Sie etwas auszählen, ist der χ^2-Test. Wenn Sie mit dem Hypothesentest auf den Anteilswert arbeiten wollen, sollte ein vergleichbares Ergebnis herauskommen.

Die hier vorgestellte Untersuchung wird, mit sehr ähnlichem Design, als hypothesenprüfende Untersuchung mit höherer Probandenzahl wiederholt werden. Das Ergebnis wird bis zur Drucklegung des Buches allerdings nicht vorliegen. Es bleibt spannend, bleiben Sie am Ball. . .

---

[9] Das macht manuell auch wenig Freude, wenn es auch schneller von der Hand geht als der χ^2-Test. Auch hierzu finden Sie auf www.statistik-von-null-auf-hundert.de ein Excel-Arbeitsblatt für den Hypothesentest auf den Anteilswert, das für den Test zweier Anteilswerte erweitert wurde.

17.1 Deskriptive Statistik

Häufigkeitsverteilung	$\sum_{j=1}^{m} f_j = n$
Relative Häufigkeiten	$h_j = \frac{1}{n} f_j$
Kumulierte Häufigkeiten	$F_j = f_1 + f_2 + \ldots + f_j = \sum_{k=1}^{j} f_k$
Relative kumulierte Häufigkeiten	$H_j = h_1 + h_2 + \ldots + h_j = \sum_{k=1}^{j} h_k$ oder $H_j = \frac{F_j}{n}$
Faustregel Klassenanzahl	$m = \sqrt{n}$
Klassenbreite	$b = \frac{x_{\max} - x_{\min}}{m}$
Modus	… der Wert einer Urliste, der am häufigsten beobachtet wird
Median	$x_{\mathrm{ME}} = x_{(n+1)/2}$ (n ungerade) $x_{\mathrm{ME}} = \frac{x_{n/2} + x_{n/2+1}}{2}$ (n gerade)
Arithmetisches Mittel	$\bar{x} = \frac{1}{n} \sum_{i=1}^{n} x_i$
Gewogenes arithmetisches Mittel	$\bar{x} = \frac{1}{n} \sum_{j=1}^{m} x_j f_j$
Geometrisches Mittel	$\bar{x}_{\mathrm{geom}} = \sqrt[n]{x_1 \cdot x_2 \cdot \ldots x_n}$
Harmonisches Mittel	$\bar{x}_{\mathrm{harm}} = \frac{n}{\sum_{i=1}^{n} \frac{1}{x_i}} = \frac{n}{\frac{1}{x_1} + \frac{1}{x_2} + \ldots + \frac{1}{x_n}} = \frac{f_1 + f_2 + \ldots + f_m}{\frac{f_1}{x_1} + \frac{f_2}{x_2} + \ldots + \frac{f_m}{x_m}}$
Spannweite	$\mathrm{Span} = x_{\max} - x_{\min}$
Quartile	$Q_1 = x_{\frac{n+1}{4}}$, $Q_2 = x_{\mathrm{ME}}$, $Q_3 = x_{\frac{3(n+1)}{4}}$
Zentraler Quartilsabstand	$\mathrm{ZQA} = Q_3 - Q_1$

© Springer-Verlag GmbH Deutschland 2017
C. Brell, J. Brell, S. Kirsch, *Statistik von Null auf Hundert*, Springer-Lehrbuch,
DOI 10.1007/978-3-662-53632-2_17

Varianz	Stichprobe: $$s^2 = \frac{1}{n-1} \sum_{j=1}^{m} \left(x_j - \bar{x} \right)^2 f_j = \frac{1}{n-1} \sum_{i=1}^{n} \left(x_i - \bar{x} \right)^2$$ Grundgesamtheit: $$\sigma^2 = \frac{1}{n} \sum_{j=1}^{m} \left(x_j - \bar{x} \right)^2 f_j = \frac{1}{n} \sum_{i=1}^{n} \left(x_i - \bar{x} \right)^2$$
Standardabweichung	$s = \sqrt{s^2}$ $\sigma = \sqrt{\sigma^2}$
Standardfehler des Mittelwertes	$s_M = \frac{s}{\sqrt{n}}$ $\sigma_M = \frac{\sigma}{\sqrt{n}}$
Variationskoeffizient	$VK = \frac{s}{|\bar{x}|}$
Absolute Konzentration	$C_k = \frac{\sum_{i=1}^{k} x_i}{\sum_{i=1}^{n} x_i} = \sum_{i=1}^{k} a_i$
Herfindahl Konzentrationsindex	$C_{\text{Herfindahl}} = \frac{\sum_{i=1}^{n} x_i^2}{\left(\sum_{i=1}^{n} x_i \right)^2}$
Gini-Koeffizient	$C_{\text{Gini}} = 1 - \sum_{j=1}^{m} h_j \cdot \left(Y_{j-1} + Y_j \right)$
Lorenz-Münzner-Koeffizient	$C_{\text{LM}} = C_{\text{Gini}} \frac{n}{n-1}$
Kovarianz	$s_{xy} = \frac{1}{n-1} \sum_{i=1}^{n} \left(x_i - \bar{x} \right) \cdot \left(y_i - \bar{y} \right)$
Korrelationskoeffizient	$r = \frac{\sum_{i=1}^{n} (x_i - \bar{x}) \cdot (y_i - \bar{y})}{\sqrt{\sum_{i=1}^{n} (x_i - \bar{x})^2 \sum_{i=1}^{n} (y_i - \bar{y})^2}}$ $r = \frac{s_{xy}}{s_x s_y}$
Bestimmtheitsmaß	$r^2 = \left(\frac{s_{xy}}{s_x s_y} \right)^2$
Lineare Regression, Geradengleichung	$y = a + bx$
Lineare Regression, Steigung	$b = \frac{\sum_{i=1}^{n} (x_i - \bar{x})(y_i - \bar{y})}{\sum_{i=1}^{n} (x_i - \bar{x})^2}$ $b = \frac{s_{xy}}{s_{xx}} = \frac{s_{xy}}{(s_x)^2}$
Lineare Regression, Ordinatenabschnitt	$a = \frac{\sum_{i=1}^{n} y_i - b \sum_{i=1}^{n} x_i}{n} = \bar{y} - b \cdot \bar{x}$
Chi-Quadrat	$\chi^2 = \sum \frac{(\text{beobachtete} - \text{erwartete})^2}{\text{erwartete}}$
Kontingenzkoeffizient	$P = \sqrt{\frac{\chi^2}{\chi^2 + n}}$
Phi-Koeffizient	$\phi = \frac{a \cdot d - b \cdot c}{\sqrt{(a+b)(c+d)(a+c)(b+d)}}$
Cramers V	$V = \sqrt{\frac{\chi^2}{n \cdot (k-1)}}$
Gliederungszahl	$\text{Gliederungszahl} = \frac{\text{Teilmasse}}{\text{Gesamtmasse}} \cdot 100$
Messzahl	$\text{Messzahl} = \frac{\text{Wert Berichtszeit}}{\text{Wert Basiszeit}} \cdot 100$

Preisindex nach Laspeyres	$P_{\text{Laspeyres},0,i} = \frac{\sum_{j=1}^{n} p_i q_0}{\sum_{j=1}^{n} p_0 q_0} \cdot 100 =$ $\frac{\text{Summe aktueller Preis} \cdot \text{alte Menge}}{\text{Summe alter Preis} \cdot \text{alte Menge}} \cdot 100$
Preisindex nach Paasche	$P_{\text{Paasche},0,i} = \frac{\sum_{j=1}^{n} p_i q_i}{\sum_{j=1}^{n} p_0 q_i} \cdot 100 =$ $\frac{\text{Summe aktueller Preis} \cdot \text{aktuelle Menge}}{\text{Summe alter Preis} \cdot \text{aktuelle Menge}} \cdot 100$
Umsatzindex	$U_{0;i} = \frac{\sum_{j=1}^{n} q_i p_i}{\sum_{j=1}^{n} q_0 p_0} \cdot 100 = \frac{\text{Summe aktuelle Umsätze}}{\text{Summe alte Umsätze}} \cdot 100$
Umbasierung	$\text{Index}_{\text{Neue Basis},i} = \frac{\text{Index}_{\text{Alte Basis},i}}{\text{Index}_{\text{Alte Basis, Neue Basis}}} \cdot 100$

17.2 Wahrscheinlichkeitsrechnung und Kombinatorik

Klassische Wahrscheinlichkeit	$P(A) = \frac{\text{Anzahl der für } A \text{ günstigen Fälle}}{\text{Anzahl aller gleichmöglichen Fälle}}$
Wahrscheinlichkeitsfunktion, diskret	$P(X = x_i) = f(x_i)$ mit $\sum_{i-1}^{n} f(x_i) = 1$, $f(x_i) \geq 0$
Wahrscheinlichkeitsdichte, stetig	$\int_{-\infty}^{\infty} f(x)\,dx = 1$
Verteilungsfunktion, diskret	$F(x_k) = P(X \leq x_i) = \sum_{i=1}^{k} f(x_i)$
Verteilungsfunktion, stetig	$F(x) = P(X \leq x) = \int_{-\infty}^{x} f(x)\,dx$
Erwartungswert, diskrete Zufallsvariable	$E(X) = \sum_{i=1}^{n} x_i f(x_i)$
Erwartungswert, stetige Zufallsvariable	$E(X) = \int_{-\infty}^{\infty} x f(x)\,dx$
Varianz, diskrete Zufallsvariable	$\text{Var}(X) = \sigma^2 = \sum_{i=1}^{n} [x_i - E(X)]^2 f(x_i)$
Varianz, stetige Zufallsvariable	$\text{Var}(X) = \sigma^2 = \int_{-\infty}^{\infty} (x - E(X))^2\,dx$
Binomialverteilung, Wahrscheinlichkeitsfunktion	$B(k|n; p) = \binom{n}{k} p^k (1-p)^{n-k}$
Binomialverteilung, Erwartungswert	$E(X) = n \cdot p$
Binomialverteilung, Varianz	$\text{Var}(X) = n \cdot p \cdot (1-p)$
Hypergeometrische Verteilung, Wahrscheinlichkeitsfunktion	$h(m|N; M; n) = \frac{\binom{M}{m}\binom{N-M}{n-m}}{\binom{N}{n}}$
Normalverteilung, Dichtefunktion	$f_N(x|\mu; \sigma) = \frac{1}{\sigma \cdot \sqrt{2\pi}} e^{-\frac{1}{2}\left(\frac{x-\mu}{\sigma}\right)^2}$ für $-\infty < x < \infty$
Normalverteilung, Verteilungsfunktion	$F_N(x_0|\mu; \sigma) = \frac{1}{\sigma \cdot \sqrt{2\pi}} \int_{-\infty}^{x_0} e^{-\frac{1}{2}\left(\frac{x-\mu}{\sigma}\right)^2}\,dx$
Normalverteilung, Erwartungswert	$E(X) = \mu$
Normalverteilung, Varianz	$\text{Var}(X) = \sigma^2$

17.3   Induktive Statistik

Wahrscheinlichkeit des Konfidenz-intervalls für den Erwartungswert	$P(\bar{x} - z_{1-\frac{\alpha}{2}} \cdot \sigma_M \leq \mu \leq \bar{x} + z_{1-\frac{\alpha}{2}} \cdot \sigma_M) = 1 - \alpha$
Wahrscheinlichkeit des Konfidenz-intervalls für den Anteilswert	$P(\hat{p} - z_{1-\frac{\alpha}{2}} \cdot \sigma_{\hat{p}} \leq p \leq \hat{p} + z_{1-\frac{\alpha}{2}} \cdot \sigma_{\hat{p}}) = 1 - \alpha$
Minimaler Stichprobenumfang	$n = \left(\frac{z_{\text{Wahrscheinlichkeit}} \cdot \sigma}{e}\right)^2$
Prüfwert Test auf Erwartungswert	$T_{\text{Prüf}} = \frac{\bar{x} - \mu}{\sigma_M}$ mit $\sigma_M = \frac{s}{\sqrt{n}}$
Prüfwert Test auf Anteilswert	$T_{\text{Prüf}} = \frac{\hat{p} - p}{\sigma_p}$ mit $\sigma_p = \sqrt{\frac{\hat{p}(1-\hat{p})}{n}}$
Prüfwert auf Mittelwertunterschied	$T_{\text{Prüf}} = \frac{\bar{x}_1 - \bar{x}_2}{\sigma_{2M}}$ mit $\sigma_{2M} = \sqrt{\frac{s_1^2}{n_1} + \frac{s_2^2}{n_2}}$

Verteilungen

18

18.1 Wie liest man die Verteilungen?

Die Tabellen für die Werte der Standardnormalverteilung und der Student-t-Verteilung sind unterschiedlich aufgebaut. Daran schließt sich die Chi-Quadrat-Verteilung an, die Tabelle ist vergleichbar zur t-Verteilung aufgebaut. Im Folgenden wird erklärt, wie die Tabellen zu lesen sind.

Standardnormalverteilung, „z-Tabelle"
In der durch Doppelstriche abgetrennten Spalte am linken Rand der Tabelle sind die z-Werte (x-Achse der Verteilung) eingetragen. In den Zellen in der Mitte befinden sich die zugehörigen Wahrscheinlichkeiten P. Die oberste Zeile gibt Werte an, die zu unserem z-Wert hinzuaddiert werden müssen.

Benötigen Sie zu einer Wahrscheinlichkeit (z. B. $0{,}975 = 97{,}5\,\%$) den passenden z-Wert, so suchen Sie die Zelle mit der Wahrscheinlichkeit (in unserem Fall 0,97500). Fahren Sie die Zeile entlang nach links und notieren Sie sich den zugehörigen Teil des z-Wertes (in unserem Fall 1,9). Fahren Sie von der Wahrscheinlichkeit $P = 0{,}97500$ aus nach oben und notieren Sie sich den zugehörigen z-Wert ebenfalls (in unserem Fall 0,06). Addieren Sie nun die beiden einzelnen Werte, dann haben Sie Ihren z-Wert (hier $z = 1{,}9 + 0{,}06$).

Falls Ihre exakte Wahrscheinlichkeit nicht in der Tabelle steht, interpolieren Sie zwischen den benachbarten Werten (z. B. für $P = 0{,}95 = 95{,}0\,\%$ folglich zwischen 0,94950 und 0,95053 (beide in der Zeile mit $z = 1{,}6$), also $z = 1{,}6 + \frac{0{,}04 + 0{,}05}{2} = 1{,}645$).

Suchen Sie die Wahrscheinlichkeit für einen z-Wert (z. B. $z = 1{,}09$), dann identifizieren Sie die passende Zelle (in unserem Fall Zeile: 1,0 und Spalte: 0,09) und lesen Sie die Wahrscheinlichkeit ab (hier $0{,}86214 = 86{,}214\,\%$).

Wahrscheinlichkeiten, die häufig auftreten, sind hervorgehoben.

© Springer-Verlag GmbH Deutschland 2017
C. Brell, J. Brell, S. Kirsch, *Statistik von Null auf Hundert*, Springer-Lehrbuch,
DOI 10.1007/978-3-662-53632-2_18

Student-t-Verteilung, „t-Tabelle"

In der ersten Spalte finden Sie die Freiheitsgrade (mit DF bezeichnet). In der ersten Zeile stehen ausgewählte Wahrscheinlichkeiten. Die entsprechenden t-Werte stehen in den Zellen in der Mitte.

Benötigen Sie zu einer Wahrscheinlichkeit (z. B. 0,975 $=$ 97,5 %) den passenden t-Wert, dann suchen Sie die Zelle in der Spalte mit Ihrer Wahrscheinlichkeit (hier $P = 0,975$) und in der Zeile mit Ihrer entsprechenden Anzahl Freiheitsgeraden (hier DF $= n - 1 = 6$ für einen Hypothesentest mit einer Stichprobegröße $n = 7$. Der entsprechende t-Wert wäre hier t $= 2,447$).

χ^2-Verteilung

In der ersten Spalte finden Sie die Freiheitsgrade (mit DF bezeichnet). In der ersten Zeile stehen ausgewählte Wahrscheinlichkeiten. Die entsprechenden χ^2-Werte stehen in den Zellen in der Mitte.

Benötigen Sie zu einer Wahrscheinlichkeit (z. B. 0,95 $=$ 95 %) den passenden χ^2-Wert für eine 2 $\times$ 2 Kreuztabelle, dann suchen Sie die Zelle in der Spalte mit Ihrer Wahrscheinlichkeit (hier $P = 0,950$) und in der Zeile mit Ihrer entsprechenden Anzahl Freiheitsgeraden (hier DF $= 1$). Der entsprechende χ^2-Wert ist dann $\chi^2 = 3,841$.

18.2 Standardnormalverteilung

Die Wahrscheinlichkeiten werden ohne führende Null angegeben (also z. B. statt 0,54380 einfach ,54380).

z	$z+\dots$									
	0,00	0,01	0,02	0,03	0,04	0,05	0,06	0,07	0,08	0,09
0,0	,50000	,50399	,50798	,51197	,51595	,51994	,52392	,52790	,53188	,53586
0,1	,53983	,54380	,54776	,55172	,55567	,55962	,56356	,56749	,57142	,57535
0,2	,57926	,58317	,58706	,59095	,59483	,59871	,60257	,60642	,61026	,61409
0,3	,61791	,62172	,62552	,62930	,63307	,63683	,64058	,64431	,64803	,65173
0,4	,65542	,65910	,66276	,66640	,67003	,67364	,67724	,68082	,68439	,68793
0,5	,69146	,69497	,69847	,70194	,70540	,70884	,71226	,71566	,71904	,72240
0,6	,72575	,72907	,73237	,73565	,73891	,74215	,74537	,74857	,75175	,75490
0,7	,75804	,76115	,76424	,76730	,77035	,77337	,77637	,77935	,78230	,78524
0,8	,78814	,79103	,79389	,79673	,79955	,80234	,80511	,80785	,81057	,81327
0,9	,81594	,81859	,82121	,82381	,82639	,82894	,83147	,83398	,83646	,83891
1,0	,84134	,84375	,84614	,84849	,85083	,85314	,85543	,85769	,85993	,86214
1,1	,86433	,86650	,86864	,87076	,87286	,87493	,87698	,87900	,88100	,88298
1,2	,88493	,88686	,88877	,89065	,89251	,89435	,89617	,89796	,89973	,90147
1,3	,90320	,90490	,90658	,90824	,90988	,91149	,91309	,91466	,91621	,91774
1,4	,91924	,92073	,92220	,92364	,92507	,92647	,92785	,92922	,93056	,93189
1,5	,93319	,93448	,93574	,93699	,93822	,93943	,94062	,94179	,94295	,94408
1,6	,94520	,94630	,94738	,94845	**,94950**	**,95053**	,95154	,95254	,95352	,95449
1,7	,95543	,95637	,95728	,95818	,95907	,95994	,96080	,96164	,96246	,96327
1,8	,96407	,96485	,96562	,96638	,96712	,96784	,96856	,96926	,96995	,97062
1,9	,97128	,97193	,97257	,97320	,97381	,97441	**,97500**	,97558	,97615	,97670
2,0	,97725	,97778	,97831	,97882	,97932	,97982	,98030	,98077	,98124	,98169
2,1	,98214	,98257	,98300	,98341	,98382	,98422	,98461	,98500	,98537	,98574
2,2	,98610	,98645	,98679	,98713	,98745	,98778	,98809	,98840	,98870	,98899
2,3	,98928	,98956	,98983	,99010	,99036	,99061	,99086	,99111	,99134	,99158
2,4	,99180	,99202	,99224	,99245	,99266	,99286	,99305	,99324	,99343	,99361
2,5	,99379	,99396	,99413	,99430	,99446	,99461	,99477	,99492	**,99506**	,99520
2,6	,99534	,99547	,99560	,99573	,99585	,99598	,99609	,99621	,99632	,99643
2,7	,99653	,99664	,99674	,99683	,99693	,99702	,99711	,99720	,99728	,99736
2,8	,99744	,99752	,99760	,99767	,99774	,99781	,99788	,99795	,99801	,99807
2,9	,99813	,99819	,99825	,99831	,99836	,99841	,99846	,99851	,99856	,99861
3,0	,99865	,99869	,99874	,99878	,99882	,99886	,99889	,99893	,99896	,99900
3,1	,99903	,99906	,99910	,99913	,99916	,99918	,99921	,99924	,99926	,99929
3,2	,99931	,99934	,99936	,99938	,99940	,99942	,99944	,99946	,99948	,99950
3,3	,99952	,99953	,99955	,99957	,99958	,99960	,99961	,99962	,99964	,99965
3,4	,99966	,99968	,99969	,99970	,99971	,99972	,99973	,99974	,99975	,99976
3,5	,99977	,99978	,99978	,99979	,99980	,99981	,99981	,99982	,99983	,99983
3,6	,99984	,99985	,99985	,99986	,99986	,99987	,99987	,99988	,99988	,99989
3,7	,99989	,99990	,99990	,99990	,99991	,99991	,99992	,99992	,99992	,99992
3,8	,99993	,99993	,99993	,99994	,99994	,99994	,99994	,99995	,99995	,99995
3,9	,99995	,99995	,99996	,99996	,99996	,99996	,99996	,99996	,99997	,99997
4,0	,99997	,99997	,99997	,99997	,99997	,99997	,99998	,99998	,99998	,99998
4,1	,99998	,99998	,99998	,99998	,99998	,99998	,99998	,99998	,99999	,99999
4,2	,99999	,99999	,99999	,99999	,99999	,99999	,99999	,99999	,99999	,99999
4,3	,99999	,99999	,99999	,99999	,99999	,99999	,99999	,99999	,99999	,99999
4,4	,99999	,99999	1,00000	1,00000	1,00000	1,00000	1,00000	1,00000	1,00000	1,00000

18.3 Student-t-Verteilung

DF	Wahrscheinlichkeit P							
	0,600	0,700	0,800	0,900	0,950	0,975	0,990	0,995
1	0,325	0,727	1,376	3,078	6,314	12,706	31,821	63,657
2	0,289	0,617	1,061	1,886	2,920	4,303	6,965	9,925
3	0,277	0,584	0,978	1,638	2,353	3,182	4,541	5,841
4	0,271	0,569	0,941	1,533	2,132	2,776	3,747	4,604
5	0,267	0,559	0,920	1,476	2,015	2,571	3,365	4,032
6	0,265	0,553	0,906	1,440	1,943	2,447	3,143	3,707
7	0,263	0,549	0,896	1,415	1,895	2,365	2,998	3,499
8	0,262	0,546	0,889	1,397	1,860	2,306	2,896	3,355
9	0,261	0,543	0,883	1,383	1,833	2,262	2,821	3,250
10	0,260	0,542	0,879	1,372	1,812	2,228	2,764	3,169
11	0,260	0,540	0,876	1,363	1,796	2,201	2,718	3,106
12	0,259	0,539	0,873	1,356	1,782	2,179	2,681	3,055
13	0,259	0,538	0,870	1,350	1,771	2,160	2,650	3,012
14	0,258	0,537	0,868	1,345	1,761	2,145	2,624	2,977
15	0,258	0,536	0,866	1,341	1,753	2,131	2,602	2,947
16	0,258	0,535	0,865	1,337	1,746	2,120	2,583	2,921
17	0,257	0,534	0,863	1,333	1,740	2,110	2,567	2,898
18	0,257	0,534	0,862	1,330	1,734	2,101	2,552	2,878
19	0,257	0,533	0,861	1,328	1,729	2,093	2,539	2,861
20	0,257	0,533	0,860	1,325	1,725	2,086	2,528	2,845
21	0,257	0,532	0,859	1,323	1,721	2,080	2,518	2,831
22	0,256	0,532	0,858	1,321	1,717	2,074	2,508	2,819
23	0,256	0,532	0,858	1,319	1,714	2,069	2,500	2,807
24	0,256	0,531	0,857	1,318	1,711	2,064	2,492	2,797
25	0,256	0,531	0,856	1,316	1,708	2,060	2,485	2,787
26	0,256	0,531	0,856	1,315	1,706	2,056	2,479	2,779
27	0,256	0,531	0,855	1,314	1,703	2,052	2,473	2,771
28	0,256	0,530	0,855	1,313	1,701	2,048	2,467	2,763
29	0,256	0,530	0,854	1,311	1,699	2,045	2,462	2,756
30	0,256	0,530	0,854	1,310	1,697	2,042	2,457	2,750
31	0,256	0,530	0,853	1,309	1,696	2,040	2,453	2,744
32	0,255	0,530	0,853	1,309	1,694	2,037	2,449	2,738
33	0,255	0,530	0,853	1,308	1,692	2,035	2,445	2,733
34	0,255	0,529	0,852	1,307	1,691	2,032	2,441	2,728
35	0,255	0,529	0,852	1,306	1,690	2,030	2,438	2,724
36	0,255	0,529	0,852	1,306	1,688	2,028	2,434	2,719
37	0,255	0,529	0,851	1,305	1,687	2,026	2,431	2,715
38	0,255	0,529	0,851	1,304	1,686	2,024	2,429	2,712
39	0,255	0,529	0,851	1,304	1,685	2,023	2,426	2,708
40	0,255	0,529	0,851	1,303	1,684	2,021	2,423	2,704
100	0,254	0,526	0,845	1,290	1,660	1,984	2,364	2,626
200	0,254	0,525	0,843	1,286	1,653	1,972	2,345	2,601
400	0,254	0,525	0,843	1,284	1,649	1,966	2,336	2,588
800	0,253	0,525	0,842	1,283	1,647	1,963	2,331	2,582
10.000	0,253	0,524	0,842	1,282	1,645	1,960	2,327	2,576

18.4 χ^2-Verteilung

DF	Wahrscheinlichkeit P							
	0,600	0,700	0,800	0,900	0,950	0,975	0,990	0,995
1	0,708	1,074	1,642	2,706	**3,841**	5,024	6,635	7,879
2	1,833	2,408	3,219	4,605	5,991	7,378	9,210	10,597
3	2,946	3,665	4,642	6,251	7,815	9,348	11,345	12,838
4	4,045	4,878	5,989	7,779	9,488	11,143	13,277	14,860
5	5,132	6,064	7,289	9,236	11,070	12,833	15,086	16,750
6	6,211	7,231	8,558	10,645	12,592	14,449	16,812	18,548
7	7,283	8,383	9,803	12,017	14,067	16,013	18,475	20,278
8	8,351	9,524	11,030	13,362	15,507	17,535	20,090	21,955
9	9,414	10,656	12,242	14,684	16,919	19,023	21,666	23,589
10	10,473	11,781	13,442	15,987	18,307	20,483	23,209	25,188
11	11,530	12,899	14,631	17,275	19,675	21,920	24,725	26,757
12	12,584	14,011	15,812	18,549	21,026	23,337	26,217	28,300
13	13,636	15,119	16,985	19,812	22,362	24,736	27,688	29,819
14	14,685	16,222	18,151	21,064	23,685	26,119	29,141	31,319
15	15,733	17,322	19,311	22,307	24,996	27,488	30,578	32,801
16	16,780	18,418	20,465	23,542	26,296	28,845	32,000	34,267
17	17,824	19,511	21,615	24,769	27,587	30,191	33,409	35,718
18	18,868	20,601	22,760	25,989	28,869	31,526	34,805	37,156
19	19,910	21,689	23,900	27,204	30,144	32,852	36,191	38,582
20	20,951	22,775	25,038	28,412	31,410	34,170	37,566	39,997
21	21,991	23,858	26,171	29,615	32,671	35,479	38,932	41,401
22	23,031	24,939	27,301	30,813	33,924	36,781	40,289	42,796
23	24,069	26,018	28,429	32,007	35,172	38,076	41,638	44,181
24	25,106	27,096	29,553	33,196	36,415	39,364	42,980	45,559
25	26,143	28,172	30,675	34,382	37,652	40,646	44,314	46,928
26	27,179	29,246	31,795	35,563	38,885	41,923	45,642	48,290
27	28,214	30,319	32,912	36,741	40,113	43,195	46,963	49,645
28	29,249	31,391	34,027	37,916	41,337	44,461	48,278	50,993
29	30,283	32,461	35,139	39,087	42,557	45,722	49,588	52,336
30	31,316	33,530	36,250	40,256	43,773	46,979	50,892	53,672
31	32,349	34,598	37,359	41,422	44,985	48,232	52,191	55,003
32	33,381	35,665	38,466	42,585	46,194	49,480	53,486	56,328
33	34,413	36,731	39,572	43,745	47,400	50,725	54,776	57,648
34	35,444	37,795	40,676	44,903	48,602	51,966	56,061	58,964
35	36,475	38,859	41,778	46,059	49,802	53,203	57,342	60,275
36	37,505	39,922	42,879	47,212	50,998	54,437	58,619	61,581
37	38,535	40,984	43,978	48,363	52,192	55,668	59,893	62,883
38	39,564	42,045	45,076	49,513	53,384	56,896	61,162	64,181
39	40,593	43,105	46,173	50,660	54,572	58,120	62,428	65,476
40	41,622	44,165	47,269	51,805	55,758	59,342	63,691	66,766
100	102,946	106,906	111,667	118,498	124,342	129,561	135,807	140,169
200	204,434	209,985	216,609	226,021	233,994	241,058	249,445	255,264
400	406,535	414,335	423,590	436,649	447,632	457,305	468,724	476,606
800	809,505	820,483	833,456	851,671	866,911	880,275	895,984	906,786
10.000	10.035,203	10.073,675	10.118,825	10.181,662	10.233,749	10.279,070	10.331,934	10.368,033

Sachverzeichnis

© Springer-Verlag GmbH Deutschland 2017
C. Brell, J. Brell, S. Kirsch, *Statistik von Null auf Hundert*, Springer-Lehrbuch,
DOI 10.1007/978-3-662-53632-2

Willkommen zu den Springer Alerts

- Unser Neuerscheinungs-Service für Sie:
  aktuell *** kostenlos *** passgenau *** flexibel

Springer veröffentlicht mehr als 5.500 wissenschaftliche Bücher jährlich in gedruckter Form. Mehr als 2.200 englischsprachige Zeitschriften und mehr als 120.000 eBooks und Referenzwerke sind auf unserer Online Plattform SpringerLink verfügbar. Seit seiner Gründung 1842 arbeitet Springer weltweit mit den hervorragendsten und anerkanntesten Wissenschaftlern zusammen, eine Partnerschaft, die auf Offenheit und gegenseitigem Vertrauen beruht.

Die SpringerAlerts sind der beste Weg, um über Neuentwicklungen im eigenen Fachgebiet auf dem Laufenden zu sein. Sie sind der/die Erste, der/die über neu erschienene Bücher informiert ist oder das Inhaltsverzeichnis des neuesten Zeitschriftenheftes erhält. Unser Service ist kostenlos, schnell und vor allem flexibel. Passen Sie die SpringerAlerts genau an Ihre Interessen und Ihren Bedarf an, um nur diejenigen Information zu erhalten, die Sie wirklich benötigen.

Mehr Infos unter: springer.com/alert

Printed in the United States
By Bookmasters